JN026489

改訂版

合格ナビ！

数学検定2級

公益財団法人
日本数学検定協会
監修

田中紀子・石井裕基・荻野大吾
著

東京図書

まえがき

　2023 年，文部科学省は「デジタル化」や「脱炭素」など理系を中心とする成長分野の人材育成のため，理工農系学部の新設や理系への学部転換を支援する事業案を公表しました。2023 年度から 10 年をかけ，学部再編を促します。また，2024 年 3 月に経済産業省は，2030 年には IT 人材が最大で 79 万人不足すると発表しました。

　日本は高度成長期が終焉した成熟期のなかで，これからの方向性を決めなければならない時期にきています。グローバリゼーションという海原を漂いながら，第 4 次産業革命という大きなうねりのなかでのかじ取りが必要になるため，非常に難しい選択もしていかなければなりません。

　人類はこれまで，農業革命，産業革命，情報革命を経験してきましたが，それぞれの革命において数学が重要な役割を果たしてきました。そのなかで産業革命に目を向けてみると，第 1 次産業革命では蒸気機関の発明により機械化が進められますが，その機械の構造において回転運動を含む微分方程式を理解しておくことは重要でした。また，第 2 次産業革命では電力を使うことによって大量生産が可能になるわけですが，それまでイメージでしかなかった虚数が実用として取り込まれ，幅広い解析ができるようになり，大量生産を行うための工程管理や売れるものを作るためのシミュレーションなどでゲーム理論が研究され，統計学も発展していきました。さらに，第 3 次産業革命でのコンピュータの発達による自動化や，第 4 次産業革命での IoT や AI の普及など，データを活用する分野における数学の役割はその中心といっても過言ではありません。

　このように，人類の発展するところにはつねに数学があり，その重要性は今後さらに高まってゆくと考えられます。

　実用数学技能検定 2 級の合格をめざす方々は，それぞれの目的をもって数学に向き合っていることと思います。これからの社会では，数学を理解し活用できる人材が必要不可欠となります。そして，その知識を多くの人々に伝えていくという使命も大切になります。

　これまで数学は人そして社会によって，良くも悪くも使われてきました。つまり，数学を平和に利用しようと考えれば，その方向に使うことができるわけです。

　どうかこれからの社会のために数学を楽しみながら学び続け，そしてその楽しみを 1 人でも多くの人に伝えていってください。

公益財団法人 日本数学検定協会

数学検定　案内

● 概要

　「数学検定」と「算数検定」は正式名称を「実用数学技能検定」といい，それぞれ1～5級と6～11級，「かず，かたち検定」の階級に相当します。数学・算数の実用的な技能（計算・作図・表現・測定・整理・統計・証明）を測る検定で，公益財団法人日本数学検定協会が実施している全国レベルの実力・絶対評価システムです。

● 階級の構成

		実用数学技能検定												
		算数検定						数学検定						
階級	検定 かず・かたち	11級	10級	9級	8級	7級	6級	5級	4級	3級	準2級	2級	準1級	1級
目安となる学年	幼児	小学校1年程度	小学校2年程度	小学校3年程度	小学校4年程度	小学校5年程度	小学校6年程度	中学校1年程度	中学校2年程度	中学校3年程度	高校1年程度	高校2年程度	高校3年程度	大学程度・一般

　1～5級には，「1次：計算技能検定」と「2次：数理技能検定」があり，1次も2次も同じ日に行います。はじめて受検するときは1次・2次両方を受検します。

● 受検資格

　原則として受検資格は問いません。

● 受検方法

　個人受検や団体受検の方法で受検できます。受検方法によって，受検できる階級や検定料が異なります。

　くわしくは，公式サイト（www.su-gaku.net/suken）にてご確認ください。

持ち物＼階級	1〜5級 1次	1〜5級 2次	6〜8級	9〜11級	かず・かたち検定
受検証 (写真貼付)[1]	必須	必須	必須	必須	
鉛筆またはシャープペンシル (黒の HB・B・2B)	必須	必須	必須	必須	必須
消しゴム	必須	必須	必須	必須	必須
ものさし (定規)		必須	必須	必須	
コンパス		必須	必須		
分度器			必須		
電卓 (算盤)[2]		使用可			

※ 1　団体受検では受検証は発行・送付されません。
※ 2　使用できる電卓の種類　○一般的な電卓　○関数電卓　○グラフ電卓
　　　通信機能や印刷機能をもつもの, 携帯電話・スマートフォン・電子辞書・パソコンなどの電卓
　　　機能は使用できません。

● 合格基準

　1〜5級の1次は全問題の70%程度、2次は全問題の60%程度です。

● 合格証

　個人受検の場合, 検定日から約40日後を目安に, 受検者あてに合否結果を送付します。

		送られる合格証
1〜5級	1次・2次検定ともに合格	実用数学技能検定合格証
	1次：計算技能検定のみに合格	計算技能検定合格証
	2次：数理技能検定のみに合格	数理技能検定合格証

● 各階級の詳細 (準2級以上)

	階級	検定時間	出題数	目安となる学年
数学検定	1級	1次：60分 2次：120分	1次：7問 2次：2題必須・5題より2題選択	大学程度・一般
	準1級			高校3年程度 (数学III・数学C程度)
	2級	1次：50分 2次：90分	1次：15問 2次：2題必須・5題より3題選択	高校2年程度 (数学II・数学B程度)
	準2級		1次：15問 2次：10問	高校1年程度 (数学I・数学A程度)

本書のねらいと構成

　数学検定2級には，1次検定（計算技能検定）と2次検定（数理技能検定）があり，両方に合格する必要がある。特に1次検定は50分で15問を解かなければならず，また解答用紙に計算の過程は記さずに答えのみを書く問題もあるから，スピードだけでなく正確性も求められる。それには定理や公式を正しく理解していることが重要である。

　2級の検定内容は，以下の構造となっている。

高校2年程度	高校1年程度	特有問題
50%	40%	10%

　　※割合はおおよその目安である。

　そこで本書では，高校1年・高校2年の数学の内容を再構成し，第1章「数と式」から第9章「確率と統計」までの9つの章とした。

　第1〜9章の各節は，以下の 基本事項の解説 と 1次対策演習 および 2次対策演習 から成る。

基本事項の解説

　重要あるいは頻出の定理や公式などを簡潔にまとめた。既習事項の再確認や本番直前の復習に役立ててほしい。

1次対策演習 ， 2次対策演習

　実際に過去の数学検定で出題された 過去問題 ，および，それに準じた問題を，各分野について網羅するように厳選して掲載した。統計分野も充実させた。1次と2次に分かれているので，1次か2次かを意識して取り組むとよいだろう。

　また，各問題には，「数学Ⅰ，Ⅱ」「数学A，B」のどの教科書の内容かが分かるように，表示した。問題の内容や解答の理解が不十分だと感じたら，各教科書も復習してほしい。

第 10 章には，実用数学技能検定特有の問題を，過去問題 を含めて 10 題，まとめた。

巻末には，過去問題 1 回分（1 次・2 次）を掲載した。1 次・2 次とも，試験時間を計って，実際に解いてみてほしい。

目　次

■装幀　岡　孝治

基本事項の解説

実数の分類

$$
\text{実数}
\begin{cases}
\text{有理数}
\begin{cases}
\text{整数} \\
\text{有限小数} \\
\text{循環小数} \\
\end{cases} \\
\text{無理数（循環しない無限小数）}
\end{cases}
\left.\rule{0pt}{3em}\right\}\text{無限小数}
$$

有理数：2つの整数 m, n $(n \neq 0)$ を用いて分数 $\dfrac{m}{n}$ の形で表せる数のこと。

無理数：2つの整数 m, n $(n \neq 0)$ を用いて分数 $\dfrac{m}{n}$ の形で表せない数のこと。

実数：有理数と無理数を合わせた数のこと。

循環小数：ある位から同じ数字の並びが繰り返される無限小数のこと。繰り返
　　　　　し現れる数字の部分を循環節といい，循環節の最初と最後の数字の
　　　　　上に点をつけて表す。例　$1.2345345345\cdots = 1.2\dot{3}4\dot{5}$

分母の有理化

分母の有理化：ある分数の分母に根号が含まれないような形に変形すること。

　a, b を異なる2つの正の数とする。

$$
\frac{a}{\sqrt{b}} = \frac{a \times \sqrt{b}}{\sqrt{b} \times \sqrt{b}} = \frac{a\sqrt{b}}{b}
$$

$$
\frac{1}{\sqrt{a}+\sqrt{b}} = \frac{\sqrt{a}-\sqrt{b}}{(\sqrt{a}+\sqrt{b}) \times (\sqrt{a}-\sqrt{b})} = \frac{\sqrt{a}-\sqrt{b}}{a-b}
$$

$$
\frac{1}{\sqrt{a}-\sqrt{b}} = \frac{\sqrt{a}+\sqrt{b}}{(\sqrt{a}-\sqrt{b}) \times (\sqrt{a}+\sqrt{b})} = \frac{\sqrt{a}+\sqrt{b}}{a-b}
$$

┌─────────────┐
│ 1次対策演習1 │　[循環小数1]　━━━━━━━━━━━━━━━ 数学Ⅰ
└─────────────┘

　次の分数を循環小数で表しなさい。

(1) $\dfrac{31}{111}$　　　　(2) $\dfrac{53}{110}$　　　　(3) $\dfrac{22}{7}$

 解答 ━━━━━━━━━━━━━━━━━━━━━━━━━━━━

(1)　$31 \div 111 = 0.279279279279\cdots$

　　よって　$\dfrac{31}{111} = 0.\dot{2}7\dot{9}$　……(答)

(2)　$53 \div 110 = 0.481818181\cdots$

　　よって　$\dfrac{53}{110} = 0.48\dot{1}$　……(答)

(3)　$22 \div 7 = 3.142857142857\cdots$

　　よって　$\dfrac{22}{7} = 3.\dot{1}4285\dot{7}$　…(答)

┌─────────────┐
│ 1次対策演習2 │　[循環小数2]　━━━━━━━━━━━━━━━ 数学Ⅰ
└─────────────┘

　次の循環小数を分数で表しなさい。

(1) $0.\dot{3}\dot{9}$　　　　(2) $0.1\dot{2}3\dot{4}$　　　　(3) $1.\dot{4}\dot{1}$

解答 ━━━━━━━━━━━━━━━━━━━━━━━━━━━━

(1)　$x = 0.\dot{3}\dot{9}$ とおく。

$$
\begin{array}{r}
100x = 39.393939\cdots \\
-)\quad x = 0.393939\cdots \\
\hline
99x = 39
\end{array}
$$

よって　$x = \dfrac{39}{99} = \dfrac{13}{33}$　……(答)

(2)　$x = 0.1\dot{2}3\dot{4}$ とおく。

$$
\begin{array}{r}
10000x = 1234.234234\cdots \\
-)\quad 10x = 1.234234\cdots \\
\hline
9990x = 1233
\end{array}
$$

よって　$x = \dfrac{1233}{9990} = \dfrac{137}{1110}$　……(答)

(3)　$x = 1.\dot{4}\dot{1}$ とおく。

$$
\begin{array}{r}
100x = 141.414141\cdots \\
-)\quad x = 1.414141\cdots \\
\hline
99x = 140
\end{array}
$$

よって　$x = \dfrac{140}{99}$　　……(答)

[1次対策演習3]　[分母の有理化 1]　━━━━━━━━━ 数学Ⅰ

次の式の分母を有理化しなさい。　(1)　$\dfrac{3}{\sqrt{7}+2}$　　(2)　$\dfrac{\sqrt{5}+\sqrt{3}}{\sqrt{5}-\sqrt{3}}$

解答

(1)　$\dfrac{3}{\sqrt{7}+2}=\dfrac{3(\sqrt{7}-2)}{(\sqrt{7}+2)(\sqrt{7}-2)}=\dfrac{3(\sqrt{7}-2)}{(\sqrt{7})^2-2^2}=\dfrac{3(\sqrt{7}-2)}{3}=\sqrt{7}-2$　　…(答)

(2)　$\dfrac{\sqrt{5}+\sqrt{3}}{\sqrt{5}-\sqrt{3}}=\dfrac{(\sqrt{5}+\sqrt{3})^2}{(\sqrt{5}-\sqrt{3})(\sqrt{5}+\sqrt{3})}=\dfrac{(\sqrt{5})^2+2\sqrt{5}\cdot\sqrt{3}+(\sqrt{3})^2}{(\sqrt{5})^2-(\sqrt{3})^2}$

　　$=\dfrac{8+2\sqrt{15}}{2}=4+\sqrt{15}$　　　　　　　　　　　　　……(答)

[1次対策演習4]　[分母の有理化 2]　━━━━━━━━━ 数学Ⅰ

次の計算をしなさい。
(1)　$\dfrac{2+\sqrt{3}}{\sqrt{2}+\sqrt{6}}-\sqrt{\dfrac{3}{2}}$　　　　　　(2)　$\dfrac{\sqrt{7}-\sqrt{5}}{\sqrt{7}+\sqrt{5}}-\dfrac{\sqrt{7}+\sqrt{5}}{\sqrt{7}-\sqrt{5}}$

解答

(1)　$\dfrac{2+\sqrt{3}}{\sqrt{2}+\sqrt{6}}-\sqrt{\dfrac{3}{2}}=\dfrac{(2+\sqrt{3})(\sqrt{6}-\sqrt{2})}{(\sqrt{6}+\sqrt{2})(\sqrt{6}-\sqrt{2})}-\dfrac{\sqrt{3}\times\sqrt{2}}{2}$

　　$=\dfrac{2\sqrt{6}+\sqrt{2}-\sqrt{6}}{(\sqrt{6})^2-(\sqrt{2})^2}-\dfrac{\sqrt{6}}{2}=\dfrac{\sqrt{6}+\sqrt{2}}{4}-\dfrac{\sqrt{6}}{2}=\dfrac{\sqrt{6}+\sqrt{2}-2\sqrt{6}}{4}$

　　$=\dfrac{\sqrt{2}-\sqrt{6}}{4}$　　　　　　　　　　　　　　　　……(答)

(2)　$\dfrac{\sqrt{7}-\sqrt{5}}{\sqrt{7}+\sqrt{5}}-\dfrac{\sqrt{7}+\sqrt{5}}{\sqrt{7}-\sqrt{5}}=\dfrac{(\sqrt{7}-\sqrt{5})^2-(\sqrt{7}+\sqrt{5})^2}{(\sqrt{7}+\sqrt{5})(\sqrt{7}-\sqrt{5})}$

　　$=\dfrac{12-2\sqrt{35}-12-2\sqrt{35}}{2}=-2\sqrt{35}$　　　　　……(答)

別解

(1)　$\dfrac{2+\sqrt{3}}{\sqrt{2}+\sqrt{6}}-\sqrt{\dfrac{3}{2}}=\dfrac{2+\sqrt{3}}{\sqrt{2}(1+\sqrt{3})}-\dfrac{\sqrt{3}}{\sqrt{2}}=\dfrac{(2+\sqrt{3})(\sqrt{3}-1)}{\sqrt{2}(\sqrt{3}+1)(\sqrt{3}-1)}-\dfrac{\sqrt{3}}{\sqrt{2}}$

　　$=\dfrac{1+\sqrt{3}}{2\sqrt{2}}-\dfrac{\sqrt{3}}{\sqrt{2}}=\dfrac{1-\sqrt{3}}{2\sqrt{2}}=\dfrac{\sqrt{2}-\sqrt{6}}{4}$　　　　　……(答)

(2)　$\dfrac{\sqrt{7}-\sqrt{5}}{\sqrt{7}+\sqrt{5}}-\dfrac{\sqrt{7}+\sqrt{5}}{\sqrt{7}-\sqrt{5}}=\dfrac{(\sqrt{7}-\sqrt{5})^2-(\sqrt{7}+\sqrt{5})^2}{(\sqrt{7}+\sqrt{5})(\sqrt{7}-\sqrt{5})}=\dfrac{2\sqrt{7}\cdot(-2\sqrt{5})}{2}$

　　$=-2\sqrt{35}$　　　　　　　　　　　　　　　　　　　　……(答)

1 次対策演習 5 　　[式の計算 1]　　━━━━━━━━━━ 数学 I

$x + \dfrac{1}{x} = 3$ のとき，次の式の値を求めなさい。

(1) $x^2 + \dfrac{1}{x^2}$　　　(2) $x^3 + \dfrac{1}{x^3}$　　　(3) $x - \dfrac{1}{x}$　　　(4) $x^4 + \dfrac{1}{x^4}$

POINT

(1) $(a+b)^2 = a^2 + 2ab + b^2$ を利用する。

(2) $(a+b)^3 = a^3 + 3a^2b + 3ab^2 + b^3$ を利用する。

(3) $(a-b)^2 = a^2 - 2ab + b^2$ ，$(a-b)^2 = (a+b)^2 - 4ab$ を利用する。

解答

(1) $\left(x + \dfrac{1}{x}\right)^2 = 3^2$

$x^2 + 2x\cdot\dfrac{1}{x} + \dfrac{1}{x^2} = 9$

$x^2 + \dfrac{1}{x^2} = 7$　　……(答)

(2) $\left(x + \dfrac{1}{x}\right)^3 = 3^3$

$x^3 + 3x^2\cdot\dfrac{1}{x} + 3x\cdot\dfrac{1}{x^2} + \dfrac{1}{x^3} = 27$

$x^3 + \dfrac{1}{x^3} = 27 - 3\left(x + \dfrac{1}{x}\right) = 18$ …(答)

(3) $\left(x - \dfrac{1}{x}\right)^2 = x^2 - 2x\cdot\dfrac{1}{x} + \dfrac{1}{x^2}$

$= x^2 + \dfrac{1}{x^2} - 2 = 7 - 2 = 5$

よって　$x - \dfrac{1}{x} = \pm\sqrt{5}$　　…(答)

(4) $\left(x^2 + \dfrac{1}{x^2}\right)^2 = 7^2$

$x^4 + 2x^2\cdot\dfrac{1}{x^2} + \dfrac{1}{x^4} = 49$

$x^4 + \dfrac{1}{x^4} = 47$　　　……(答)

別解

(1) $x^2 + \dfrac{1}{x^2} = \left(x + \dfrac{1}{x}\right)^2 - 2x\cdot\dfrac{1}{x}$

$= 3^2 - 2 = 7$　　……(答)

(2) $x^3 + \dfrac{1}{x^3} = \left(x + \dfrac{1}{x}\right)^3 - 3x\cdot\dfrac{1}{x}\left(x + \dfrac{1}{x}\right)$

$= 3^3 - 3\cdot3 = 18$　　……(答)

(3) $\left(x - \dfrac{1}{x}\right)^2 = \left(x + \dfrac{1}{x}\right)^2 - 4x\cdot\dfrac{1}{x}$

$= 9 - 4 = 5$

よって　$x - \dfrac{1}{x} = \pm\sqrt{5}$　　……(答)

(4) $x^4 + \dfrac{1}{x^4}$

$= \left(x^2 + \dfrac{1}{x^2}\right)^2 - 2x^2\cdot\dfrac{1}{x^2}$

$= 7^2 - 2 = 47$　　　　……(答)

一言コメント

$a^5 + b^5$ の値を求める場合もあるが，$(a^2+b^2)(a^3+b^3)$ を展開するとよい。

$(a^2+b^2)(a^3+b^3) = a^5 + a^2b^3 + a^3b^2 + b^5 = a^5 + b^5 + a^2b^2(a+b)$ であるから，

$a^5 + b^5 = (a^2+b^2)(a^3+b^3) - a^2b^2(a+b)$　　とできる。

1次対策演習6　[式の計算2] ━━━━━━━━━ 数学I

$x = \dfrac{1}{\sqrt{5}+1}$, $y = \dfrac{1}{\sqrt{5}-1}$ のとき，次の式の値を求めなさい。

(1) $x^2 + y^2$

(2) $x^3 + y^3$

POINT

$x^2 + y^2$, $x^3 + y^3$ を $x + y$, xy を用いて表す。

解答

$$x + y = \frac{1}{\sqrt{5}+1} + \frac{1}{\sqrt{5}-1} = \frac{2\sqrt{5}}{(\sqrt{5}+1)(\sqrt{5}-1)} = \frac{\sqrt{5}}{2}$$

$$xy = \frac{1}{\sqrt{5}+1} \cdot \frac{1}{\sqrt{5}-1} = \frac{1}{4}$$

(1) $x^2 + y^2 = (x+y)^2 - 2xy$

$$= \left(\frac{\sqrt{5}}{2}\right)^2 - 2 \cdot \frac{1}{4} = \frac{5}{4} - \frac{2}{4} = \frac{3}{4} \qquad \cdots\cdots(答)$$

(2) $x^3 + y^3 = (x+y)^3 - 3xy(x+y)$

$$= \left(\frac{\sqrt{5}}{2}\right)^3 - 3 \cdot \frac{1}{4} \cdot \frac{\sqrt{5}}{2}$$

$$= \frac{5\sqrt{5}}{8} - \frac{3\sqrt{5}}{8} = \frac{\sqrt{5}}{4} \qquad \cdots\cdots(答)$$

別解

(2) $x^3 + y^3 = (x+y)\left(x^2 - xy + y^2\right) = \dfrac{\sqrt{5}}{2} \cdot \left(\dfrac{3}{4} - \dfrac{1}{4}\right) = \dfrac{\sqrt{5}}{4}$

[分母の有理化]　━━━━━━━ 数学Ⅰ

$\dfrac{4}{2+\sqrt{3}+\sqrt{7}}$ の分母を有理化しなさい。

解答

$$\dfrac{4}{2+\sqrt{3}+\sqrt{7}}=\dfrac{4\{(2+\sqrt{3})-\sqrt{7}\}}{\{(2+\sqrt{3})+\sqrt{7}\}\{(2+\sqrt{3})-\sqrt{7}\}}=\dfrac{4(2+\sqrt{3}-\sqrt{7})}{(2+\sqrt{3})^2-(\sqrt{7})^2}$$

$$=\dfrac{4(2+\sqrt{3}-\sqrt{7})}{7+4\sqrt{3}-7}=\dfrac{2+\sqrt{3}-\sqrt{7}}{\sqrt{3}}=\dfrac{(2+\sqrt{3}-\sqrt{7})\cdot\sqrt{3}}{\sqrt{3}\cdot\sqrt{3}}=\dfrac{2\sqrt{3}+3-\sqrt{21}}{3}$$

$$\cdots\cdots(答)$$

別解

$$\dfrac{4}{2+\sqrt{3}+\sqrt{7}}=\dfrac{4\{2-(\sqrt{3}+\sqrt{7})\}}{\{2+(\sqrt{3}+\sqrt{7})\}\{2-(\sqrt{3}+\sqrt{7})\}}=\dfrac{4(2-\sqrt{3}-\sqrt{7})}{2^2-(\sqrt{3}+\sqrt{7})^2}$$

$$=\dfrac{4(2-\sqrt{3}-\sqrt{7})}{4-(10+2\sqrt{21})}=\dfrac{4(2-\sqrt{3}-\sqrt{7})}{-6-2\sqrt{21}}=\dfrac{2(2-\sqrt{3}-\sqrt{7})(3-\sqrt{21})}{-(3+\sqrt{21})(3-\sqrt{21})}$$

$$=\dfrac{2(6-2\sqrt{21}-3\sqrt{3}+3\sqrt{7}-3\sqrt{7}+7\sqrt{3})}{-(9-21)}=\dfrac{6-2\sqrt{21}+4\sqrt{3}}{6}$$

$$=\dfrac{3-\sqrt{21}+2\sqrt{3}}{3}\qquad\cdots\cdots(答)$$

　[整数部分・小数部分]　━━━━━━━ 数学Ⅰ

$\dfrac{1}{2-\sqrt{3}}$ の整数部分を a，小数部分を $b\,(0\leqq b<1)$ とするとき，$\dfrac{1}{a+b}+b$ の値を求めなさい。

解答

$$\dfrac{1}{2-\sqrt{3}}=\dfrac{2+\sqrt{3}}{(2-\sqrt{3})(2+\sqrt{3})}=2+\sqrt{3}$$

$1<\sqrt{3}<\sqrt{4}$ より $1<\sqrt{3}<2$ であるから，$\sqrt{3}$ の整数部分は1である。

よって，$2+\sqrt{3}$ の整数部分は $a=3$ である。

小数部分は，$b=(2+\sqrt{3})-3=\sqrt{3}-1$

したがって，$\dfrac{1}{a+b}+b=(2-\sqrt{3})+(\sqrt{3}-1)=1$ 　　　$\cdots\cdots(答)$

第 2 節　集合と命題

基本事項の解説

集合

集合：範囲がはっきりしたものの集まり。

要素：集合を構成している1つ1つのもの。

　　　　a が集合 A の要素であるとき，a は A に**属する**といい，$a \in A$ と表す。

　　　　b が集合 A の要素でないとき，$b \notin A$ と表す。

集合の表し方：①要素を書き並べて表す。　　例 $A = \{1, 2, 3, 6\}$

　　　　　　　　②要素の満たす条件を述べる。例 $A = \{x \mid x$ は6の正の約数$\}$

部分集合：「$x \in A \implies x \in B$」$\iff$ 集合 A は集合 B の部分集合である

$$\iff A \subset B$$

$$A = B \iff \text{「}A \subset B \text{ かつ } B \subset A\text{」}$$

共通部分：$A \cap B = \{x \mid x \in A$ かつ $x \in B\}$

和集合：$A \cup B = \{x \mid x \in A$ または $x \in B\}$

空集合：要素を1つも持たない集合。すべての集合の部分集合である。$\varnothing$ で表す。

全体集合：考えるもの全体の集合。

補集合：全体集合 U の中で，集合 A に属さない要素全体の集合で $\overline{A}$ で表す。

$$\overline{A} = \{x \mid x \in U \text{ かつ } x \notin A\}, \qquad A \cap \overline{A} = \varnothing, \qquad A \cup \overline{A} = U$$

ド・モルガンの法則：$\overline{A \cap B} = \overline{A} \cup \overline{B}$

　　　　　　　　　　　$\overline{A \cup B} = \overline{A} \cap \overline{B}$

　A が有限集合（要素の個数が有限である集合）のとき，その要素の個数を $n(A)$ で表す。

命題

命題：正しいか正しくないかがはっきり決まる事柄を述べた文や式。

命題の真偽：命題が正しいとき，その命題は**真**であるといい，
　　　　　　正しくないとき，その命題は**偽**であるという。

仮定・結論・反例：2つの条件 p，q を用いて，命題「p ならば q $(p \Longrightarrow q)$」の
　　　　　　　　　形で表した場合，p を**仮定**，q を**結論**という。この命題に
　　　　　　　　　ついて「p であるが q でない」例を**反例**といい，反例を1
　　　　　　　　　つ挙げれば，この命題が偽であることが示せる。

必要条件と十分条件：命題「$p \Longrightarrow q$」が真であるとき，
　　　　　　　　　　p は q であるための十分条件である
　　　　　　　　　　q は p であるための必要条件である
　　　　　　　　　　という。

必要十分条件：命題「$p \Longrightarrow q$」と「$q \Longrightarrow p$」がともに真であるとき，p は q で
　　　　　　　あるための**必要十分条件**であるという。
　　　　　　　このとき，「$p \Longleftrightarrow q$」と表し，p と q は**同値**であるという。

条件の否定：条件 p に対して，条件「p でない」を p の**否定**といい，$\bar{p}$ で表す。

ド・モルガンの法則：$\overline{p \text{ かつ } q} \iff \bar{p} \text{ または } \bar{q}$
　　　　　　　　　　　$\overline{p \text{ または } q} \iff \bar{p} \text{ かつ } \bar{q}$

命題の逆・裏・対偶：命題「$p \Longrightarrow q$」に対して
　　　　　　　　　　逆　：「$q \Longrightarrow p$」
　　　　　　　　　　裏　：「$\bar{p} \Longrightarrow \bar{q}$」
　　　　　　　　　　対偶：「$\bar{q} \Longrightarrow \bar{p}$」

証明

対偶証明法：命題「$p \Longrightarrow q$」とその対偶「$\bar{q} \Longrightarrow \bar{p}$」の真偽は一致するので，
　　　　　　　命題「$p \Longrightarrow q$」を証明するとき，かわりにその対偶「$\bar{q} \Longrightarrow \bar{p}$」を
　　　　　　　証明する方法。

背理法：ある命題に対して，その命題が成り立たないと仮定すると，矛盾が生
　　　　　じることを証明する方法。

1次対策演習7 ［集合］

$U=\left\{x\,|\,|x-1|\leqq 4,\ x\text{ は整数}\right\}$ を全体集合とします。U の部分集合 A, B を $A=\{x\,|\,3x-1<x+3,\ x\in U\}$，$B=\{x\,|\,x^2-x-6\leqq 0,\ x\in U\}$ とするとき，次の集合を要素を書き並べる方法で表しなさい。

(1) $A\cap B$　　(2) $A\cup B$　　(3) $\overline{A}$　　(4) $\overline{A}\cap B$　　(5) $\overline{A}\cup\overline{B}$

POINT

U, A, B を要素を書き並べて表し，ベン図で示す。

 解答

$|x-1|\leqq 4$ を解くと，$-4\leqq x-1\leqq 4$　より　$-3\leqq x\leqq 5$

$3x-1<x+3$ を解くと，$x<2$

$x^2-x-6\leqq 0$ を解くと，$(x+2)(x-3)\leqq 0$　より　$-2\leqq x\leqq 3$

$U=\{x\,|\,|x-1|\leqq 5,\ x\text{ は整数}\}=\{-3,\ -2,\ -1,\ 0,\ 1,\ 2,\ 3,\ 4,\ 5\}$

$A=\{x\,|\,3x-1<x+3,\ x\in U\}=\{-3,\ -2,\ -1,\ 0,\ 1\}$

$B=\{x\,|\,x^2-x-6\leqq 0,\ x\in U\}=\{-2,\ -1,\ 0,\ 1,\ 2,\ 3\}$

これらをベン図で表すと右下の図のようになる。

(1) $A\cap B=\{-2,\ -1,\ 0,\ 1\}$　　　　　　　　　　……（答）

(2) $A\cup B=\{-3,\ -2,\ -1,\ 0,\ 1,\ 2,\ 3\}$　　　　　……（答）

(3) $\overline{A}=\{2,\ 3,\ 4,\ 5\}$　　　　　　　　　　　　　……（答）

(4) $\overline{A}\cap B=\{2,\ 3\}$　　　　　　　　　　　　　　……（答）

(5) ド・モルガンの法則より

　　$\overline{A}\cup\overline{B}=\overline{A\cap B}=\{-3,\ 2,\ 3,\ 4,\ 5\}$　　　　　……（答）

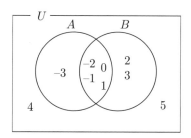

1次対策演習8　[必要条件と十分条件] ————————— 数学I

次の □ にあてはまるものを，下の①～④の中から1つずつ選びなさい。

① 必要条件であるが十分条件でない

② 十分条件であるが必要条件でない

③ 必要十分条件である

④ 必要条件でも十分条件でもない

(1) $a > b$ は，$a^2 > b^2$ であるための □ 。

(2) $x \leqq 3$ は，$-2 < x < 2$ であるための □ 。

POINT

- 2つの命題「$p \Longrightarrow q$」と「$q \Longrightarrow p$」の真偽を調べる。
- 命題「○ $\Longrightarrow$ ●」が真であるとき

    ○は，●であるための十分条件である

    ●は，○であるための必要条件である
- 2つの集合 $P = \{x \mid x は条件 p を満たす\}$，$Q = \{x \mid x は条件 q を満たす\}$ とする。

$$P \subset Q \iff 命題「p \Longrightarrow q」は真である$$

解答

(1) 「$a > b \Longrightarrow a^2 > b^2$」は，偽である。反例 $a = -1$，$b = -2$

「$a^2 > b^2 \Longrightarrow a > b$」は，偽である。反例 $a = -2$，$b = -1$

よって，④ 必要条件でも十分条件でもない。 ……(答)

(2) 集合 $P = \{x \mid x \leqq 3\}$，$Q = \{x \mid -2 < x < 2\}$ とおく。

右の図より，$Q \subset P$

よって，

「$x \leqq 3 \Longrightarrow -2 < x < 2$」は偽，

「$-2 < x < 2 \Longrightarrow x \leqq 3$」は真であるから，

① 必要条件であるが十分条件でない。 ……(答)

2次対策演習3　［集合］　過去問題 ━━━━━━━━━━ 数学Ⅰ

a を実数とし，2つの集合 A, B をそれぞれ

$$A = \{x \mid x^2 - 5x - 6 \leqq 0,\ x は整数\}, \quad B = \{x \mid x \leqq a,\ x は整数\}$$

とします。これについて，次の問いに答えなさい。

(1) 集合 A を要素を書き並べる方法で表しなさい。

(2) $n(A \cap B) = 3$ が成り立つとき，a の取りうる値の範囲を求めなさい。
　　この問題は解法の過程を記述せず，答えだけを書いてください。

POINT

(2) 2つの集合を数直線上で図示し，その共通部分にちょうど3個の
　　整数が含まれるようにすればよい。

 解答 ━━━━━━━━━━━━━━━━━━━━━━━━━━━

(1) $x^2 - 5x - 6 \leqq 0$ を解く。

$$(x+1)(x-6) \leqq 0$$
$$-1 \leqq x \leqq 6$$

したがって，

$$A = \{-1,\ 0,\ 1,\ 2,\ 3,\ 4,\ 5,\ 6\} \qquad \cdots\cdots (答)$$

(2) $1 \leqq a < 2$

((2)の解説)

2つの集合を数直線上で図示すると下図のようになる。

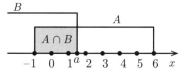

共通部分の要素が3個となるのは，

$$A \cap B = \{x \mid -1 \leqq x \leqq a,\ x は整数\} = \{-1,\ 0,\ 1\}$$

の場合である。

$a = 1$ と $a = 2$ の場合に注意すると，求める範囲は $1 \leqq a < 2$ である。

2次対策演習4　[命題の証明と対偶] ─────────── 数学Ⅰ

整数 n について，n^2 が偶数ならば，n は偶数であることを証明しなさい。

POINT

- 命題とその対偶の真偽は一致する。
- 命題「n^2 が偶数ならば，n は偶数である」の
  対偶は「n が奇数ならば，n^2 は奇数である」である。

 解答 ─────────────────────────

　もとの命題の対偶は，

　「整数 n について，

　　n が奇数ならば，n^2 は奇数である」

となるので，これを証明する。

　n は奇数なので，整数 k を用いて

$$n = 2k + 1$$

とおける。

　このとき，

$$n^2 = (2k+1)^2 = 4k^2 + 4k + 1 = 2(2k^2 + 2k) + 1$$

ここで，$2k^2 + 2k$ は整数であるから，n^2 は奇数である。

よって，対偶が証明されたので，もとの命題も成り立つ。

一言コメント ─────────────────────────

命題「整数 n について，n^2 が3の倍数であるならば，n は3の倍数である」も，
対偶を利用することで同様に証明することができる。

2次対策演習5　　［背理法］　━━━━━━━━━　数学Ⅰ

$\sqrt{2}$ が無理数であることを証明しなさい。

POINT

- 「$\sqrt{2}$ が有理数である」と仮定して，矛盾を導く。

- 「実数 a が有理数である」とは，
  「互いに素である整数 m, n を用いて，$a = \dfrac{m}{n}$ と表すことができる」
  ことである。ただし，$n \neq 0$ とする。

- n を整数とするとき，n^2 が偶数ならば，n は偶数である。
  （「2次対策演習4」より）

解答

$\sqrt{2}$ が無理数でない，すなわち有理数であると仮定すると，互いに素である正の整数 m, n を用いて，

$$\sqrt{2} = \frac{m}{n}$$

と表すことができる。このとき

$$m = \sqrt{2}\,n$$

両辺を2乗すると　$m^2 = 2n^2$　……①

よって，m^2 は偶数であるから，m も偶数である。

ゆえに，m はある正の整数 k を用いて

$$m = 2k \quad \cdots\cdots ②$$

とおける。②を①に代入すると

$$4k^2 = 2n^2 \quad \text{すなわち} \quad 2k^2 = n^2$$

よって，n^2 は偶数となり，n は偶数である。

このことにより，m と n はともに偶数となり，公約数2をもつ。

これは，m と n が互いに素であることに矛盾する。

したがって，$\sqrt{2}$ は無理数である。

第 3 節　式の計算

基本事項の解説

乗法公式

$(x+a)(x+b) = x^2+(a+b)x+ab$

$(a+b)^2 = a^2+2ab+b^2$

$(a-b)^2 = a^2-2ab+b^2$

$(a+b)(a-b) = a^2-b^2$

$(ax+b)(cx+d)$
$\qquad = acx^2+(ad+bc)x+bd$

$(a+b+c)^2$
$\quad = a^2+b^2+c^2+2ab+2bc+2ca$

$(a+b)^3 = a^3+3a^2b+3ab^2+b^3$

$(a-b)^3 = a^3-3a^2b+3ab^2-b^3$

$(a+b)(a^2-ab+b^2) = a^3+b^3$

$(a-b)(a^2+ab+b^2) = a^3-b^3$

因数分解の公式

$x^2+(a+b)x+ab = (x+a)(x+b)$

$a^2+2ab+b^2 = (a+b)^2$

$a^2-2ab+b^2 = (a-b)^2$

$a^2-b^2 = (a+b)(a-b)$

$acx^2+(ad+bc)x+bd$
$\qquad = (ax+b)(cx+d)$

$a^3+b^3 = (a+b)(a^2-ab+b^2)$

$a^3-b^3 = (a-b)(a^2+ab+b^2)$

二項定理

$(a+b)^n = {}_n\mathrm{C}_0a^n + {}_n\mathrm{C}_1a^{n-1}b + {}_n\mathrm{C}_2a^{n-2}b^2 + \cdots + {}_n\mathrm{C}_ka^{n-k}b^k + \cdots + {}_n\mathrm{C}_nb^n$

多項式の割り算

多項式 A を 0 でない多項式 B で割ったときの商を Q，余りを R とすると，次の式が成り立つ。

$$A = BQ+R, \quad R\text{の次数} < B\text{の次数}$$

分数式

A を多項式，B を 1 次以上の多項式とし，$\dfrac{A}{B}$ の形で表される式を**分数式**という。分母と分子に**共通因数**があると約分ができ，それ以上約分できない分数式を**既約分数式**という。

1次対策演習9 [展開1] ━━━━━━━━━━━━ 数学Ⅰ,Ⅱ

次の式を展開して計算しなさい。

(1) $(2x+3y)(3x-2y)$　　　　(2) 過去問題 $(x+y)(x^2-4xy+y^2)$

(3) $(3x-2y)(9x^2+6xy+4y^2)$　(4) $(x+2y-3z)^2$　(5) $(3x-2y)^3$

解答 ━━━━━━━━━━━━━━━━━━━━━━━━━━

(1) $(2x+3y)(3x-2y)=6x^2+5xy-6y^2$ ……(答)

(2) $(x+y)(x^2-4xy+y^2)=x^3-4x^2y+xy^2+x^2y-4xy^2+y^3$
$=x^3-3x^2y-3xy^2+y^3$ ……(答)

(3) $(3x-2y)(9x^2+6xy+4y^2)=27x^3-8y^3$ ……(答)

(4) $(x+2y-3z)^2=x^2+4y^2+9z^2+2x\cdot2y+2\cdot2y\cdot(-3z)+2\cdot(-3z)\cdot x$
$=x^2+4y^2+9z^2+4xy-12yz-6zx$ ……(答)

(5) $(3x-2y)^3=(3x)^3-3(3x)^2\cdot2y+3\cdot3x(2y)^2-(2y)^3$
$=27x^3-54x^2y+36xy^2-8y^3$ ……(答)

1次対策演習10 [展開2] ━━━━━━━━━━━ 数学Ⅰ,Ⅱ

次の式を展開して計算しなさい。

(1) $(a+b)^3(a^2-ab+b^2)^3$　　(2) 過去問題 $(a^2+2a+2)(a^2-2a+2)$

(3) $(a-b+c-d)(a+b+c+d)$　(4) $(a^2+2b)^4$　　(5) $(2a-b)^5$

POINT

(1) $(\ )^3(\ )^3$ の形に着目し，$\{(\ )(\ )\}^3$ とまとめると公式が使える。

(2),(3) 式をよく見ると，共通な項があるので，$(\ )$ でまとめると公式が使える。

(4),(5) 4乗や5乗の展開は二項定理を利用しよう。

解答 ━━━━━━━━━━━━━━━━━━━━━━━━━━

(1) $(a+b)^3(a^2-ab+b^2)^3=\{(a+b)(a^2-ab+b^2)\}^3=(a^3+b^3)^3$
$=a^9+3a^6b^3+3a^3b^6+b^9$ ……(答)

(2) $(a^2+2a+2)(a^2-2a+2)=\{(a^2+2)+2a\}\{(a^2+2)-2a\}$
$=(a^2+2)^2-4a^2=a^4+4a^2+4-4a^2=a^4+4$ ……(答)

(3) $(a-b+c-d)(a+b+c+d)=\{(a+c)-(b+d)\}\{(a+c)+(b+d)\}$
$=(a+c)^2-(b+d)^2=a^2-b^2+c^2-d^2+2ac-2bd$ ……(答)

(4) $(a^2+2b)^3={}(a^2)^4+{}_4C_1(a^2)^3(2b)+{}_4C_2(a^2)^2(2b)^2+{}_4C_3a^2(2b)^3+(2b)^4$
$=a^8+8a^6b+24a^4b^2+32a^2b^3+16b^4$ ……(答)

(5) $(2a-b)^5=(2a)^5+{}_5C_1(2a)^4(-b)+{}_5C_2(2a)^3(-b)^2+{}_5C_3(2a)^2(-b)^3$
$+{}_5C_4(2a)(-b)^4+(-b)^5=32a^5-80a^4b+80a^3b^2-40a^2b^3+10ab^4-b^5$ ……(答)

| 1次対策演習11 | [因数分解1] | 数学Ⅰ, Ⅱ |

次の式を因数分解しなさい。　　(1) $3x^2+7x+2$

　(2) 過去問題 $4a^2+13a-12$　(3) $64a^3+27b^3$　(4) 過去問題 $125x^3-y^3$

解答

(1) $3x^2+7x+2=(3x+1)(x+2)\cdots$(答)　(2) $4a^2+13a-12=(4a-3)(a+4)\cdots$(答)

(3) $64a^3+27b^3=(4a)^3+(3b)^3=(4a+3b)(16a^2-12ab+9b^2)$　　　……(答)

(4) $125x^3-y^3=(5x)^3-y^3=(5x-y)(25x^2+5xy+y^2)$　　　……(答)

| 1次対策演習12 | [因数分解2] | 数学Ⅰ, Ⅱ |

次の式を因数分解しなさい。

　(1) $x^2-xy-6y^2+x+7y-2$　　　　(2) $2a^2+ab-10b^2-5a+b+3$

　(3) $(x-3)(x-5)(x-7)(x-9)-9$　　(4) $8x^3-12x^2y-18xy^2+27y^3$

POINT

(1) (2) 一つの文字, 例えば x についての2次式になるように整理してみよう。

(3) $(x-3)(x-5)(x-7)(x-9)$ の組み合わせをうまくして同じ項が現れるように, 展開してみよう。

(4) 共通因数が現れるように組み合わせをうまくしてみよう。

解答

(1) $x^2-xy-6y^2+x+7y-2=x^2-(y-1)x-(6y^2-7y+2)$

　$=x^2-(y-1)x-(2y-1)(3y-2)=\{x+(2y-1)\}\{x-(3y-2)\}$

　$=(x+2y-1)(x-3y+2)$　　　　　　　　　　　　　　　　　……(答)

(2) $2a^2+ab-10b^2-5a+b+3=2a^2+(b-5)a-(10b^2-b-3)$

　$=2a^2+(b-5)a-(2b+1)(5b-3)=\{2a+(5b-3)\}\{a-(2b+1)\}$

　$=(2a+5b-3)(a-2b-1)$　　　　　　　　　　　　　　　　……(答)

(3) $(x-3)(x-5)(x-7)(x-9)-9=\{(x-3)(x-9)\}\{(x-5)(x-7)\}-9$

　$=(x^2-12x+27)(x^2-12x+35)-9=(x^2-12x)^2+62(x^2-12x)+945-9$

　$=(x^2-12x)^2+62(x^2-12x)+936=\{(x^2-12x)+36\}\{(x^2-12x)+26\}$

　$=(x-6)^2(x^2-12x+26)$　　　　　　　　　　　　　　　　……(答)

(4) $8x^3-12x^2y-18xy^2+27y^3=(8x^3+27y^3)-6xy(2x+3y)$

　$=(2x+3y)(4x^2-6xy+9y^2)-6xy(2x+3y)=(2x+3y)(4x^2-12xy+9y^2)$

　$=(2x+3y)(2x-3y)^2$　　　　　　　　　　　　　　　　　　……(答)

1次対策演習13 ［展開式の係数］ ──────── 数学II

次の問いに答えなさい。

(1) $(2a-3b)^6$ の展開式における a^4b^2 の係数を求めなさい。

(2) $(x-y+2z)^8$ の展開式における $x^2y^3z^3$ の係数を求めなさい。

解答

(1) $(2a-3b)^6$ の展開の一般項は，${}_6\mathrm{C}_r(2a)^{6-r}(-3b)^r = {}_6\mathrm{C}_r2^{6-r}(-3)^ra^{6-r}b^r$

a^4b^2 の項になるのは $r=2$ のときであるから，その係数は，

${}_6\mathrm{C}_22^4(-3)^2 = 15\times16\times9 = 2160$　である。　　　　……（答）

(2) $\{(x-y)+2z\}^8$ の展開式における z^3 を含む項は，

$$ {}_8\mathrm{C}_3(x-y)^5(2z)^3 = 448(x-y)^5z^3 $$

であり，$(x-y)^5$ の展開式における x^2y^3 を含む項は，

$$ {}_5\mathrm{C}_3x^2(-y)^3 = -10x^2y^3 $$

である。よって，$x^2y^3z^3$ の係数は，-4480　である。　　　　……（答）

一言コメント

(2) については，次のことを利用して解くこともできる。

> $(a+b+c)^n$ の展開式における一般項は
>
> $$ \frac{n!}{p!q!r!}a^pb^qc^r \qquad (p+q+r=n) $$

（解答例）

$(x-y+2z)^8$ の展開における一般項は，

$$ \frac{8!}{p!q!r!}x^p(-y)^q(2z)^r = \frac{8!}{p!q!r!}(-1)^q2^rx^py^qz^r \quad (p+q+r=8) $$

である。$x^2y^3z^3$ となるのは，$p=2$, $q=3$, $r=3$ のときであるから，係数は

$$ \frac{8!}{2!3!3!}\times(-1)^3\times2^3 = -4480 $$

である。

[1次対策演習14]　**[多項式の割り算]**　━━━━━━━ 数学II

(1) 過去問題 $3x^3-2x^2+1$ を $3x^2-5x-4$ で割ったときの余りを求めなさい。

(2) 多項式 A を $x+3$ で割ったときの商が x^2-x+2 で余りが3であるとき，多項式 A を求めなさい。

解答

(1) 右の筆算より，余りは $9x+5$ …(答)

(2) $A=(x+3)(x^2-x+2)+3$
$\qquad =x^3+2x^2-x+9$　……(答)

$$
\begin{array}{r}
x+1 \\
3x^2-5x-4\,\overline{)\,3x^3-2x^2+1} \\
\underline{3x^3-5x^2-4x} \\
3x^2+4x+1 \\
\underline{3x^2-5x-4} \\
9x+5
\end{array}
$$

[1次対策演習15]　**[分数式の計算]**　━━━━━━━ 数学II

次の計算をしなさい。

(1) $\dfrac{x}{x+2}+\dfrac{3x-4}{x^2-x-6}$

(2) $\dfrac{2x-1}{x^2-1}-\dfrac{x+4}{x^2+4x+3}$

(3) $\dfrac{x^2-1}{x^3-1}\times\dfrac{2x^2+x-6}{2x^2-x-3}$

(4) $\dfrac{3x^2+7x-6}{6x^2-x-2}\div\dfrac{x^2-6x+9}{2x^2-5x-3}$

(5) $1-\dfrac{1}{1-\frac{1}{1+x}}$

解答

(1) $\dfrac{x}{x+2}+\dfrac{3x-4}{x^2-x-6}=\dfrac{x(x-3)}{(x+2)(x-3)}+\dfrac{3x-4}{(x+2)(x-3)}=\dfrac{x^2-4}{(x+2)(x-3)}$

$\qquad\qquad =\dfrac{(x+2)(x-2)}{(x+2)(x-3)}=\dfrac{x-2}{x-3}$　……(答)

(2) $\dfrac{2x-1}{x^2-1}-\dfrac{x+4}{x^2+4x+3}=\dfrac{2x-1}{(x+1)(x-1)}-\dfrac{x+4}{(x+1)(x+3)}$

$=\dfrac{(2x-1)(x+3)}{(x+1)(x-1)(x+3)}-\dfrac{(x+4)(x-1)}{(x+1)(x+3)(x-1)}=\dfrac{(2x^2+5x-3)-(x^2+3x-4)}{(x+1)(x-1)(x+3)}$

$=\dfrac{x^2+2x+1}{(x+1)(x-1)(x+3)}=\dfrac{(x+1)^2}{(x+1)(x-1)(x+3)}=\dfrac{x+1}{(x-1)(x+3)}$　……(答)

(3) $\dfrac{x^2-1}{x^3-1}\times\dfrac{2x^2+x-6}{2x^2-x-3}=\dfrac{(x+1)(x-1)}{(x-1)(x^2+x+1)}\times\dfrac{(2x-3)(x+2)}{(2x-3)(x+1)}=\dfrac{x+2}{x^2+x+1}$　……(答)

(4) $\dfrac{3x^2+7x-6}{6x^2-x-2}\div\dfrac{x^2-6x+9}{2x^2-5x-3}=\dfrac{(3x-2)(x+3)}{(3x-2)(2x+1)}\div\dfrac{(x-3)^2}{(2x+1)(x-3)}$

$=\dfrac{(3x-2)(x+3)}{(3x-2)(2x+1)}\times\dfrac{(2x+1)(x-3)}{(x-3)^2}=\dfrac{x+3}{x-3}$　……(答)

(5) $1-\dfrac{1}{1-\frac{1}{1+x}}=1-\dfrac{1\times(1+x)}{\left(1-\frac{1}{1+x}\right)\times(1+x)}=1-\dfrac{1+x}{1+x-1}=1-\dfrac{1+x}{x}=1-\left(\dfrac{1}{x}+1\right)$

$\qquad\qquad =-\dfrac{1}{x}$　……(答)

2次対策演習6 　**[二項定理]** ━━━━━━━━ 数学II

次の等式が成り立つことを証明しなさい。

(1) $_nC_0 + {}_nC_1 + {}_nC_2 + {}_nC_3 + \cdots + {}_nC_n = 2^n$

(2) $_nC_0 - {}_nC_1 + {}_nC_2 - {}_nC_3 + \cdots + (-1)^n \cdot {}_nC_n = 0$

POINT

二項定理を用いて $(a+b)^n$ の展開式の両辺の a, b にある数値を代入する。

解答

二項定理 $(a+b)^n = {}_nC_0 a^n + {}_nC_1 a^{n-1}b + {}_nC_2 a^{n-2}b^2 + \cdots + {}_nC_n b^n$ 　　　…①

(1) ①の両辺に，$a=1,\ b=1$ を代入すると

$$(1+1)^n = {}_nC_0 + {}_nC_1 + {}_nC_2 + \cdots + {}_nC_n$$

したがって，　$_nC_0 + {}_nC_1 + {}_nC_2 + {}_nC_3 + \cdots + {}_nC_n = 2^n$

(2) ①の両辺に，$a=1,\ b=-1$ を代入すると

$$(1-1)^n = {}_nC_0 + {}_nC_1 \cdot (-1) + {}_nC_2 \cdot (-1)^2 + \cdots + {}_nC_n \cdot (-1)^n$$

したがって，　$_nC_0 - {}_nC_1 + {}_nC_2 - {}_nC_3 + \cdots + (-1)^n \cdot {}_nC_n = 0$

 2次対策演習7 　**[多項式の割り算]** ━━━━━━━━ 数学II

$2x^3 - x^2 - 2x + 1$ を多項式 B で割った商が $2x-1$，余りが $-10x+5$ であるとき，多項式 B を求めなさい。

POINT

多項式 A を多項式 B で割った商が Q，余りが R であるとき，$A = BQ + R$

解答

$2x^3 - x^2 - 2x + 1 = B(2x-1) + (-10x+5)$ であるから，

$B = \{(2x^3 - x^2 - 2x + 1) - (-10x+5)\} \div (2x-1)$

$\quad = (2x^3 - x^2 + 8x - 4) \div (2x-1)$

右の筆算より，$B = x^2 + 4$ である。　　……(答)

$$
\begin{array}{r}
x^2 \phantom{{}+{}} +4 \\
2x-1 \overline{)\,2x^3 - x^2 + 8x - 4} \\
\underline{2x^3 - x^2 } \\
8x - 4 \\
\underline{8x - 4} \\
0
\end{array}
$$

| 第 | 4 | 節 | 等式・不等式の証明，絶対値　数学 I, II |

基本事項の解説

恒等式

含まれている文字にどのような値を代入しても成り立つ等式。

- **恒等式の係数を定める方法**
  ① **係数比較法**…両辺を整理し，同じ次数の項の係数を比較する方法。
  ② **数値代入法**…適当な数値を代入して調べる方法。

等式の証明

- **等式 $A = B$ の証明方法**
  ① A（左辺）または B（右辺）を変形し，他の辺を導く。
  ② 両辺 A，B をそれぞれ変形し，ともに C であることを導く。
  ③ $A - B = 0$ であることを示す。

不等式の証明

- **不等式 $A > B$（$A \geq B$）の証明方法**
  $A - B > 0$（$A - B \geq 0$）であることを示す。

実数の性質

① $a^2 \geq 0$　（等号が成り立つ条件は，$a = 0$）
② $a^2 + b^2 \geq 0$　（等号が成り立つ条件は，$a = b = 0$）
③ $a \geq 0$，$b \geq 0$ のとき　$a \geq b \iff a^2 \geq b^2$
④ $a \geq 0$ のとき $|a| = a$，$a < 0$ のとき $|a| = -a$
⑤ $|a| \geq 0$，　$|a| \geq a$，　$|a| \geq -a$

相加平均・相乗平均

$a > 0$，$b > 0$ のとき

$$\frac{a+b}{2} \geq \sqrt{ab}　（等号が成り立つ条件は，a = b）$$

1次対策演習16 ［絶対値を含む方程式］ ━━━━━━━ 数学Ⅰ

次の方程式を解きなさい。

(1) 過去問題 $|x-1|=3$

(2) $|x+2|+|x-1|=5$

 解答 ━━━━━━━━━━━━━━━━━━━━━━━

(1) $|x-1|=3$ より $x-1=\pm3$ よって $x=-2, 4$ ……(答)

(2) $|x+2|+|x-1|=5$ ……① とおく。

(i) $x<-2$ のとき

①は $-(x+2)+\{-(x-1)\}=5$ ゆえに $x=-3$

よって $x<-2$ より $x=-3$

(ii) $-2\leqq x<1$ のとき

①は $(x+2)+\{-(x-1)\}=5$

$3=5$ となり，解なし。

(iii) $x\geqq1$ のとき

①は $(x+2)+(x-1)=5$ ゆえに $x=2$

よって $x\geqq1$ より $x=2$

したがって，(i)～(iii) より，

$x=-3, 2$ ……(答)

一言コメント ━━━━━━━━━━━━━━━━━━━

(2) $|x+2|+|x-1|$ の絶対値を外す際に，次のような表を利用するとよい。

x	$x<-2$	-2	$-2<x<1$	1	$1<x$
$x+2$	$-(x+2)$	0	$x+2$		
$x-1$	$-(x-1)$			0	$x-1$

| 1次対策演習17 | ［絶対値を含む不等式］ | ━━━━━ 数学Ⅰ |

次の不等式を解きなさい。

(1) **過去問題** $|2x+1|<7$

(2) $2|x|+|x-2|\geqq x+4$

POINT

a を正の実数とする。

㋐ $|x|<a \iff -a<x<a$

㋑ $|x|>a \iff x<-a$ または $a<x$

 解 答

(1) $|2x+1|<7$ より　$-7<2x+1<7$

　　$-8<2x<6$　　よって $-4<x<3$　　　　　　　……(答)

(2) $2|x|+|x-2|\geqq x+4$ …① とおく。

　(i) $x<0$ のとき

　　　①は　$2(-x)+\{-(x-2)\}\geqq x+4$　　ゆえに　$x\leqq -\dfrac{1}{2}$

　　　よって $x<0$ より, $x\leqq -\dfrac{1}{2}$

　(ii) $0\leqq x<2$ のとき

　　　①は　$2x+\{-(x-2)\}\geqq x+4$　　ゆえに　$2\geqq 4$

　　　よって　解なし。

　(iii) $x\geqq 2$ のとき

　　　①は　$2x+(x-2)\geqq x+4$　　ゆえに　$x\geqq 3$

　　　よって $x\geqq 2$ より　$x\geqq 3$

したがって, (i)～(iii) より,

　　　　$x\leqq -\dfrac{1}{2}$,　$3\leqq x$　　　　　　　　　……(答)

［恒等式］ ━━━━━━━━━━━ 数学II

次の等式が x についての恒等式となるように定数 a, b, c の値を定めなさい。

(1) $x^2 - x + 4 = ax(x-1) + b(x-1)(x-2) + cx(x-2)$

(2) $x^3 - 5x^2 + 3x + 4 = (x-1)^3 + a(x-1)^2 + b(x-1) + c$

解答

(1) ＜数値代入法＞

与式は x についての恒等式であるから，

$x = 0, 1, 2$ を代入して，

> 数値代入法の場合，
> 求めた値をもとの式に代入し，
> 逆も成り立つことを確認する。

$$4 = 2b , \quad 4 = -c , \quad 6 = 2a$$

これを解いて，$a = 3$ ，$b = 2$ ，$c = -4$

逆に，$a = 3, b = 2, c = -4$ のとき，与式は恒等式となる。 ……(答)

(2) ＜係数比較法＞

右辺を展開して整理すると，

$$(右辺) = x^3 - 3x^2 + 3x - 1 + a(x^2 - 2x + 1) + b(x-1) + c$$
$$= x^3 + (a-3)x^2 + (-2a+b+3)x + (a-b+c-1)$$

となり，与式は次のようになる。

$$x^3 - 5x^2 + 3x + 4 = x^3 + (a-3)x^2 + (-2a+b+3)x + (a-b+c-1)$$

x についての恒等式であるから，両辺の係数を比較すると

$$a - 3 = -5, \quad -2a + b + 3 = 3, \quad a - b + c - 1 = 4$$

これを解いて，$a = -2$ ，$b = -4$ ，$c = 3$ ……(答)

(2) $x - 1 = t$ とおき，t について整理すると，

$$(左辺) = (t+1)^3 - 5(t+1)^2 + 3(t+1) + 4 = t^3 - 2t^2 - 4t + 3$$

$$(右辺) = t^3 + at^2 + bt + c$$

となり，与式は， $t^3 - 2t^2 - 4t + 3 = t^3 + at^2 + bt + c$

これが t についての恒等式であるから，両辺の係数を比較して，

$$a = -2 , b = -4 , c = 3$$ ……(答)

2次対策演習8 　**[等式の証明1]**　━━━━━━━━━━ 数学II

　次の等式が成り立つことを証明しなさい。

$$a^2+b^2+c^2-ab-bc-ca = \frac{1}{2}\{(a-b)^2+(b-c)^2+(c-a)^2\}$$

 解答　━━━━━━━━━━━━━━━━━━━━━━━━━━━━━

$$(右辺) = \frac{1}{2}\{(a^2-2ab+b^2)+(b^2-2bc+c^2)+(c^2-2ca+a^2)\}$$

$$= \frac{1}{2}(2a^2+2b^2+2c^2-2ab-2bc-2ca)$$

$$= a^2+b^2+c^2-ab-bc-ca$$

よって　$a^2+b^2+c^2-ab-bc-ca = \frac{1}{2}\{(a-b)^2+(b-c)^2+(c-a)^2\}$ が成り

立つ。

2次対策演習9 　**[等式の証明2]**　━━━━━━━━━━ 数学II

　$a+b+c=0$ のとき，次の等式が成り立つことを証明しなさい。

$$a^3+b^3+c^3-3abc = 0$$

 解答　━━━━━━━━━━━━━━━━━━━━━━━━━━━━━

　$a+b+c=0$ より，$c=-(a+b)$

これを等式の左辺に代入して

$$(左辺) = a^3+b^3+\{-(a+b)\}^3-3ab\{-(a+b)\}$$

$$= a^3+b^3-(a^3+3a^2b+3ab^2+b^3)+3a^2b+3ab^2 = 0$$

よって，等式は成り立つ。

別解　━━━━━━━━━━━━━━━━━━━━━━━━━━━━━━━━━━

$$(左辺) = (a+b+c)(a^2+b^2+c^2-ab-bc-ca) = 0$$

よって，等式は成り立つ。

一言コメント ─────────────────────────

$$a^3+b^3+c^3-3abc = (a+b+c)(a^2+b^2+c^2-ab-bc-ca)$$

を因数分解の公式として利用した。

$a^3+b^3=(a+b)(a^2-ab+b^2)$　を用いることで導くことができるので試みてほ

しい。

2次対策演習 10　［不等式の証明 **1**］　━━━━━━━━ 数学 II

次の不等式が成り立つことを証明しなさい。また，等号が成り立つときの条件を求めなさい。

$$a^2+b^2+ab-2a+2b+4 \geqq 0$$

POINT

左辺を a についての 2 次式に整理し，平方完成する。

解答

$$(左辺) = a^2+(b-2)a+b^2+2b+4 = \left(a+\frac{b-2}{2}\right)^2 - \left(\frac{b-2}{2}\right)^2 + b^2+2b+4$$

$$= \left(a+\frac{b-2}{2}\right)^2 - \frac{b^2-4b+4}{4} + b^2+2b+4$$

$$= \left(a+\frac{b-2}{2}\right)^2 + \frac{3}{4}(b^2+4b+4) = \left(a+\frac{b-2}{2}\right)^2 + \frac{3}{4}(b+2)^2 \geqq 0$$

よって，$a^2+b^2+ab-2a+2b+4 \geqq 0$

等号が成り立つのは，　$a+\dfrac{b-2}{2}=0$ かつ $b+2=0$　　すなわち

$a=2,\ b=-2$ のときである。　　　　　　　　　　　　　　　　……（答）

 2次対策演習 11　［不等式の証明 **2**］　━━━━━━━ 数学 II

$a>0$ のとき，次の不等式が成り立つことを証明しなさい。また，等号が成り立つときの条件を求めなさい。

$$a+\frac{1}{a} \geqq 2$$

POINT

$a>0$ であることから，相加平均と相乗平均の大小関係を利用する。

解答

$a>0$ であるから，相加平均と相乗平均の大小関係より，

$$a+\frac{1}{a} \geqq 2\sqrt{a \cdot \frac{1}{a}} = 2$$

よって，不等式は成り立つ。また，等号が成り立つのは，$a=\dfrac{1}{a}$ かつ $a>0$

より，　$a=1$ のときである。　　　　　　　　　　　　　　　……（答）

2次対策演習12　　[不等式の証明3]　　━━━━━━━ 数学 II

次の不等式が成り立つことを証明しなさい。

(1) $(a^2+b^2)(x^2+y^2) \geqq (ax+by)^2$

(2) $(a^2+b^2+c^2)(x^2+y^2+z^2) \geqq (ax+by+cz)^2$

POINT

左辺から右辺を引き，平方完成する。

解答

(1) $(a^2+b^2)(x^2+y^2) - (ax+by)^2$
$= (a^2x^2+a^2y^2+b^2x^2+b^2y^2) - (a^2x^2+2axby+b^2y^2)$
$= a^2y^2-2abxy+b^2x^2 = (ay-bx)^2 \geqq 0$

よって，不等式 $(a^2+b^2)(x^2+y^2) \geqq (ax+by)^2$ が成り立つ。

(2) $(a^2+b^2+c^2)(x^2+y^2+z^2) - (ax+by+cz)^2$
$= (a^2x^2+a^2y^2+a^2z^2+b^2x^2+b^2y^2+b^2z^2+c^2x^2+c^2y^2+c^2z^2)$
$\quad - (a^2x^2+b^2y^2+c^2z^2+2axby+2bycz+2czax)$
$= a^2y^2-2abxy+b^2x^2+b^2z^2-2bcyz+c^2y^2+c^2x^2-2cazx+a^2z^2$
$= (ay-bx)^2+(bz-cy)^2+(cx-az)^2 \geqq 0$

よって，不等式 $(a^2+b^2+c^2)(x^2+y^2+z^2) \geqq (ax+by+cz)^2$ が成り立つ。

一言コメント

(1),(2) の不等式のことを**コーシー・シュワルツの不等式**という。
次の不等式が，一般化したものである。

$$(a_1^2+a_2^2+\cdots+a_n^2)(x_1^2+x_2^2+\cdots+x_n^2) \geqq (a_1x_1+a_2x_2+\cdots+a_nx_n)^2$$

等号が成り立つのは，次の条件を満たす場合である。

$$a_1 : a_2 : \cdots : a_n = x_1 : x_2 : \cdots : x_n$$

証明に際しては，実数 t についての2次不等式

$$(a_1t-x_1)^2+(a_2t-x_2)^2+\cdots+(a_nt-x_n)^2 \geqq 0$$

がすべての実数 t について成り立つための条件として，t の2次方程式に関する判別式を考えるとよい。

2次対策演習13　　［割り算と恒等式］ ━━━━━━━━ 数学Ⅱ

x についての多項式 $2x^3+ax^2+bx+8$ を x^2-4x+3 で割ると，余りが $-2x+5$ となるように，定数 a, b の値を求めなさい。また，そのときの商を求めなさい。

POINT

- 多項式 A を多項式 B で割った商が Q，余りが R であるとき，
  $A=BQ+R$
- 商を $cx+d$ とおいて，x についての恒等式を導く。

 解答

　3次式を2次式で割るので，商は1次以下の式であるから $cx+d$ とおくと，

$$2x^3+ax^2+bx+8=(cx+d)(x^2-4x+3)-2x+5$$

右辺を展開して整理すると，

$$\begin{aligned}(右辺) &= cx^3-4cx^2+3cx+dx^2-4dx+3d-2x+5 \\ &= cx^3+(-4c+d)x^2+(3c-4d-2)x+(3d+5)\end{aligned}$$

となり，与式は次のようになる。

$$2x^3+ax^2+bx+8=cx^3+(-4c+d)x^2+(3c-4d-2)x+(3d+5)$$

　x についての恒等式であるから，両辺の係数を比較すると

$$2=c,\quad a=-4c+d,\quad b=3c-4d-2,\quad 8=3d+5$$

これを解いて，$a=-7$，$b=0$，$c=2$，$d=1$

よって，$a=-7$，$b=0$，商は $2x+1$ ……(答)

一言コメント

$2x^3+ax^2+bx+8$ を x^2-4x+3 で割ると，商は $2x+(a+8)$，余りは $(4a+b+26)x+(-3a-16)$ である。余りは $-2x+5$ であることより，

$$(4a+b+26)x+(-3a-16)=-2x+5$$

これを x の恒等式として考える方法もある。

2次対策演習14　**[等式の証明3]** ━━━━━━━━ 数学II

$\dfrac{a}{b}=\dfrac{c}{d}$ のとき，次の等式が成り立つことを証明しなさい。

$$\frac{a+2c}{b+2d}=\frac{3a+4c}{3b+4d}$$

POINT

比例式 $\dfrac{a}{b}=\dfrac{c}{d}=k$ とおいて，$a=bk$，$c=dk$ とし，代入する。

 解答 ━━━━━━━━━━━━━━━━━━━━━━

$\dfrac{a}{b}=\dfrac{c}{d}=k$ とおくと，$a=bk$，$c=dk$ となる。

$\dfrac{a+2c}{b+2d}=\dfrac{bk+2dk}{b+2d}=\dfrac{(b+2d)k}{b+2d}=k$，　$\dfrac{3a+4c}{3b+4d}=\dfrac{3bk+4dk}{3b+4d}=\dfrac{(3b+4d)k}{3b+4d}=k$

よって，等式 $\dfrac{a+2c}{b+2d}=\dfrac{3a+4c}{3b+4d}$ が成り立つ。

2次対策演習15　**[等式の証明4]** ━━━━━━━━ 数学II

$a+b+c=1$，$abc=ab+bc+ca$ のとき，実数 a,b,c のうち少なくとも1つは1に等しいことを証明しなさい。

POINT

- 「a,b,c のうち少なくとも1つは1に等しい」とは，
  「$a=1$ または $b=1$ または $c=1$」のことである。
- 「$X=0$ または $Y=0$」 $\Longleftrightarrow$ $XY=0$

 解答 ━━━━━━━━━━━━━━━━━━━━━━

a,b,c のうち少なくとも1つは1に等しいとは，
$a=1$ または $b=1$ または $c=1$ のことである。

よって，等式 $(a-1)(b-1)(c-1)=0$ …① が成り立つことを示せばよい。

$$(a-1)(b-1)(c-1)=(a-1)(bc-b-c+1)$$
$$=(abc-ab-bc-ca)+(a+b+c-1)=0$$

したがって，$a+b+c=1$，$abc=ab+bc+ca$ のとき，等式①が成り立つので，$a=1$ または $b=1$ または $c=1$ であるから，a,b,c のうち少なくとも1つは1に等しい。

2次対策演習16 　[不等式の証明4] ―――――――― 数学II

$a \geqq 0$，$b \geqq 0$，$c \geqq 0$ とするとき，次の不等式が成り立つことを示しなさい。また，等号が成り立つときの条件を求めなさい。

$$\sqrt{\frac{a+b+c}{3}} \geqq \frac{\sqrt{a}+\sqrt{b}+\sqrt{c}}{3}$$

POINT

$\sqrt{}$（根号）や $|\ |$（絶対値）を含む場合，このまま差をとって計算することは難しい。このような場合は，次の実数の性質を利用するとよい。

$$X \geqq 0,\ Y \geqq 0\ \text{のとき}\quad X \geqq Y \iff X^2 \geqq Y^2$$

 解答

$\sqrt{\dfrac{a+b+c}{3}} \geqq 0$，$\dfrac{\sqrt{a}+\sqrt{b}+\sqrt{c}}{3} \geqq 0$ より，両辺の2乗の差を考えると

$$\left(\sqrt{\frac{a+b+c}{3}}\right)^2 - \left(\frac{\sqrt{a}+\sqrt{b}+\sqrt{c}}{3}\right)^2$$

$$= \frac{a+b+c}{3} - \frac{a+b+c+2\sqrt{ab}+2\sqrt{bc}+2\sqrt{ca}}{9}$$

$$= \frac{2a+2b+2c-2\sqrt{ab}-2\sqrt{bc}-2\sqrt{ca}}{9}$$

$$= \frac{(a-2\sqrt{ab}+b)+(b-2\sqrt{bc}+c)+(c-2\sqrt{ca}-a)}{9}$$

$$= \frac{(\sqrt{a}-\sqrt{b})^2+(\sqrt{b}-\sqrt{c})^2+(\sqrt{c}-\sqrt{a})^2}{9} \geqq 0$$

したがって，　$\left(\sqrt{\dfrac{a+b+c}{3}}\right)^2 \geqq \left(\dfrac{\sqrt{a}+\sqrt{b}+\sqrt{c}}{3}\right)^2$

よって，不等式

$$\sqrt{\frac{a+b+c}{3}} \geqq \frac{\sqrt{a}+\sqrt{b}+\sqrt{c}}{3}$$

が成り立つ。

等号は，$\sqrt{a}-\sqrt{b}=0$ かつ $\sqrt{b}-\sqrt{c}=0$ かつ $\sqrt{c}-\sqrt{a}=0$

つまり，$a=b=c$ のとき成り立つ。　　　　　　　　　　　　……(答)

2次対策演習17 ［不等式の証明5］　━━━━━━━━━━━ 数学II

実数 x, y が $x+y \geqq 2$ を満たすとき，次の不等式が成り立つことを示しなさい。また，等号が成り立つときの x, y の値を求めなさい。

$$x^2 + y^2 \geqq x + y$$

POINT

条件式が等式であれば，文字を消去して平方完成することで示すことができそうであるが，この場合は条件式が不等式となっている。
そこで，条件の不等式を，別の文字で置き換えて表すという工夫を考えてみる。

解答

$x+y=2k \ (k \geqq 1)$ とおく。

$$(x^2+y^2)-(x+y) = x^2+(2k-x)^2-2k = 2x^2-4kx+4k^2-2k$$
$$= 2(x-k)^2+2k^2-2k = 2(x-k)^2+2k(k-1) \geqq 0 \quad (\because k \geqq 1 \ \text{より})$$

したがって，不等式 $x^2+y^2 \geqq x+y$ が成り立つ。

等号は，$x-k=0$ かつ $k-1=0$　つまり，$x+y=2$ より，
$x=y=1$ のとき成り立つ。　　　　　　　　　　　　　　　……(答)

別解

$$0 \leqq (x-1)^2+(y-1)^2 = x^2-2x+1+y^2-2y+1$$
$$= (x^2+y^2-x-y)-(x+y-2)$$
$$\leqq x^2+y^2-x-y \quad (\because x+y \geqq 2 \ \text{より})$$

したがって，不等式 $x^2+y^2 \geqq x+y$ が成り立つ。

等号は，$x=y=1$ のとき成り立つ。　　　　　　　　　　　……(答)

一言コメント

不等式 $x+y \geqq 2$ の表す領域と，不等式 $x^2+y^2 \geqq x+y$ の表す領域の関係を調べると，この問題の示したいことが視覚的に理解できる。

2次対策演習18 ［最大値・最小値への応用］ ──────数学Ⅱ

(1) $x>0$ のとき，$x+\dfrac{4}{x}$ の最小値を求めなさい。また，そのときの x の値を求めなさい。

(2) $x>0$ のとき，$\dfrac{x^2+x+2}{x+1}$ の最小値を求めなさい。また，そのときの x の値を求めなさい。

POINT

(2) $\dfrac{x^2+x+2}{x+1}=x+\dfrac{2}{x+1}=x+1+\dfrac{2}{x+1}-1$ と変形する。

解答

(1) $x>0$ より，相加平均と相乗平均の大小関係から，

$$x+\frac{4}{x} \geqq 2\sqrt{x\cdot\frac{4}{x}}=2\sqrt{4}=4$$

したがって，最小値は4である。

等号が成り立つのは，$x=\dfrac{4}{x}$ より，$x^2=4$　すなわち $x>0$ より，$x=2$

よって，$x=2$ のとき，最小値4　　　　　　　　　　　……(答)

(2) $\dfrac{x^2+x+2}{x+1}=x+\dfrac{2}{x+1}=x+1+\dfrac{2}{x+1}-1$

$x>0$ より，相加平均と相乗平均の大小関係から，

$$x+1+\frac{2}{x+1} \geqq 2\sqrt{(x+1)\cdot\frac{2}{x+1}}=2\sqrt{2}$$

したがって，

$$\frac{x^2+x+2}{x+1}=x+1+\frac{2}{x+1}-1 \geqq 2\sqrt{2}-1$$

であるから，最小値は $2\sqrt{2}-1$ である。

等号が成り立つのは，$x+1=\dfrac{2}{x+1}$ より $(x+1)^2=2$　すなわち $x>0$ より，$x=\sqrt{2}-1$

よって，$x=\sqrt{2}-1$ のとき，最小値 $2\sqrt{2}-1$　　　　　……(答)

第 5 節　複素数

基本事項の解説

虚数単位

2乗すると -1 になる数の一つを i で表し，**虚数単位**という。$i^2 = -1$

複素数

2つの実数 a, b を用いて $a+bi$ の形で表される数を**複素数**といい，a を**実部**，b を**虚部**という。$b=0$ のとき**実数**という。$b \neq 0$ のとき**虚数**といい，とくに $a=0$ のとき**純虚数**という。

複素数の相等

a, b, c, d を実数とする。

$$a+bi = c+di \iff a=c \text{ かつ } b=d$$

とくに，$\qquad a+bi = 0 \iff a=0 \text{ かつ } b=0$

共役な複素数

$\alpha = a+bi$ に対し，$a-bi$ を α と **共役な複素数**といい，$\overline{\alpha}$ で表す。

$$\alpha + \overline{\alpha} = 2a \text{ (実数)}, \qquad \alpha\overline{\alpha} = a^2 + b^2 \text{ (実数)}$$

$$\overline{\alpha + \beta} = \overline{\alpha} + \overline{\beta}, \qquad \overline{\alpha - \beta} = \overline{\alpha} - \overline{\beta},$$

$$\overline{\alpha\beta} = \overline{\alpha}\,\overline{\beta}, \qquad \overline{\left(\frac{\alpha}{\beta}\right)} = \frac{\overline{\alpha}}{\overline{\beta}} \ (\beta \neq 0 \text{ のとき}), \qquad \overline{(\overline{\alpha})} = \alpha$$

複素数の四則演算

加法：$(a+bi) + (c+di) = (a+c) + (b+d)i$

減法：$(a+bi) - (c+di) = (a-c) + (b-d)i$

乗法：$(a+bi)(c+di) = (ac-bd) + (ad+bc)i$

除法：$\dfrac{c+di}{a+bi} = \dfrac{(c+di)(a-bi)}{(a+bi)(a-bi)} = \dfrac{ac+bd}{a^2+b^2} + \dfrac{ad-bc}{a^2+b^2}i \ (a+bi \neq 0 \text{ のとき})$

2次方程式の解の公式

a, b, c を実数とする。$(a \neq 0)$

2次方程式 $ax^2 + bx + c = 0$ の解は，

$$x = \frac{-b \pm \sqrt{b^2 - 4ac}}{2a}$$

$b = 2b'$ とすると，$ax^2 + 2b'x + c = 0$ の解は，

$$x = \frac{-b' \pm \sqrt{b'^2 - ac}}{a}$$

2次方程式の解の種類の判別

2次方程式 $ax^2 + bx + c = 0$ の判別式を $D = b^2 - 4ac$ とすると，その解について次のことが成り立つ。

① $D > 0 \iff$ 異なる2つの実数解をもつ
② $D = 0 \iff$ 重解（ただ1つの実数解）をもつ
③ $D < 0 \iff$ 異なる2つの虚数解をもつ

2次方程式の解と係数の関係

2次方程式 $ax^2 + bx + c = 0$ の2つの解を α, β とすると，

$$\alpha + \beta = -\frac{b}{a} , \qquad \alpha\beta = \frac{c}{a}$$

2次式の因数分解

2次方程式 $ax^2 + bx + c = 0$ の2つの解を α, β とすると，

$$ax^2 + bx + c = a(x - \alpha)(x - \beta)$$

α, β を解にもつ2次方程式

α, β を解にもつ2次方程式の1つは，

$$x^2 - (\alpha + \beta)x + \alpha\beta = 0$$

［複素数の計算1］ ━━━━━━━━ 数学II

次の計算をしなさい。ただし，i は虚数単位を表します。

(1) $(3+4i)+(1-2i)$　　　　(2) $(4-3i)-(-2+i)$

(3) **過去問題** $(2+4i)(9-3i)$　　(4) $\dfrac{2-i}{3+2i}$

POINT

虚数単位 i の文字式のように計算し，i^2 は -1 とする。

解答

(1) $(3+4i)+(1-2i)=(3+1)+(4-2)i=4+2i$ ……（答）

(2) $(4-3i)-(-2+i)=(4+2)+(-3-1)i=6-4i$ ……（答）

(3) $(2+4i)(9-3i)=18+(-6+36)i-12i^2=18+30i+12=30+30i$ …（答）

(4) $\dfrac{2-i}{3+2i}=\dfrac{(2-i)(3-2i)}{(3+2i)(3-2i)}=\dfrac{6-7i+2i^2}{9-(2i)^2}=\dfrac{6-7i-2}{9+4}=\dfrac{4-7i}{13}$ ……（答）

 ［複素数の計算2］ ━━━━━━━━ 数学II

次の計算をしなさい。ただし，i は虚数単位を表します。

$$\left(\dfrac{2}{\sqrt{3}+i}\right)^6$$

POINT

$A^6=(A^3)^2$ として計算してみよう。

解答

$$\left(\dfrac{2}{\sqrt{3}+i}\right)^6=\left\{\left(\dfrac{2}{\sqrt{3}+i}\right)^3\right\}^2=\left\{\dfrac{2^3}{(\sqrt{3}+i)^3}\right\}^2$$

$$=\left\{\dfrac{8}{(\sqrt{3})^3+3(\sqrt{3})^2i+3\sqrt{3}\,i^2+(i)^3}\right\}^2=\left(\dfrac{8}{3\sqrt{3}+9i-3\sqrt{3}-i}\right)^2=\left(\dfrac{8}{8i}\right)^2=\dfrac{1}{i^2}$$

$$=-1 \qquad\qquad\qquad\qquad\qquad\qquad\qquad\qquad\qquad\qquad ……（答）$$

別解

$$\left(\dfrac{2}{\sqrt{3}+i}\right)^6=\left\{\left(\dfrac{2}{\sqrt{3}+i}\right)^3\right\}^2=\left[\left\{\dfrac{2(\sqrt{3}-i)}{(\sqrt{3}+i)(\sqrt{3}-i)}\right\}^3\right]^2=\left[\left\{\dfrac{2(\sqrt{3}-i)}{3+1}\right\}^3\right]^2$$

$$=\left\{\left(\dfrac{\sqrt{3}-i}{2}\right)^3\right\}^2=\left\{\dfrac{(\sqrt{3}-i)^3}{2^3}\right\}^2=\left\{\dfrac{(\sqrt{3})^3-3(\sqrt{3})^2i+3\sqrt{3}\,i^2-(i)^3}{8}\right\}^2=\left(\dfrac{-8i}{8}\right)^2$$

$$=(-i)^2=-1 \qquad\qquad\qquad\qquad\qquad\qquad\qquad\qquad\qquad ……（答）$$

1 次対策演習 21 ［複素数の相等］ 過去問題 ━━━━━━ 数学 II

次の等式を満たす実数 a, b の値を求めなさい。ただし，i は虚数単位を表します。

$$(1-3i)(a+bi) = 2i$$

POINT

$$a + bi = c + di \iff a = c \text{ かつ } b = d$$

 解答

左辺を展開すると

$$(1-3i)(a+bi) = (a+3b) + (b-3a)i$$

であるから等式は次のようになる。

$$(a+3b) + (b-3a)i = 2i$$

a, b は実数であるから，

$$\begin{cases} a + 3b = 0 \\ -3a + b = 2 \end{cases}$$

これを解いて，

$$a = -\frac{3}{5}, \qquad b = \frac{1}{5} \qquad \cdots\cdots(\text{答})$$

 別解

$(1-3i)(a+bi) = 2i$ を変形すると

$$a + bi = \frac{2i}{1-3i}$$

右辺を計算すると

$$\frac{2i}{1-3i} = \frac{2i(1+3i)}{(1-3i)(1+3i)} = \frac{2i-6}{1+9} = -\frac{3}{5} + \frac{1}{5}i$$

であるから，等式は次のようになる。

$$a + bi = -\frac{3}{5} + \frac{1}{5}i$$

a, b は実数であるから，

$$a = -\frac{3}{5}, \qquad b = \frac{1}{5} \qquad \cdots\cdots(\text{答})$$

1次対策演習 22　　［複素数の計算と式の値］　━━━━━━━━━ 数学Ⅱ

> $x = \dfrac{3i}{1+\sqrt{2}\,i}$, $y = \dfrac{3i}{1-\sqrt{2}\,i}$ のとき，次の式の値を求めなさい。
>
> (1)　$x+y$　　　　(2)　$x-y$　　　　(3)　xy
>
> (4)　x^2-y^2　　　(5)　x^3+y^3　　　(6)　x^3-y^3

POINT

> 初めに，x，y の値を簡単にして，(1), (2), (3) を計算する。
>
> 次に (4), (5), (6) の式を $x+y$, $x-y$, xy で表す。

解答

$$x = \frac{3i}{1+\sqrt{2}i} = \frac{3i(1-\sqrt{2}\,i)}{(1+\sqrt{2}i)(1-\sqrt{2}i)} = \frac{3i(1-\sqrt{2}\,i)}{1+2} = i+\sqrt{2}$$

$$y = \frac{3i}{1-\sqrt{2}i} = \frac{3i(1+\sqrt{2}\,i)}{(1-\sqrt{2}\,i)(1+\sqrt{2}i)} = \frac{3i(1+\sqrt{2}\,i)}{1+2} = i-\sqrt{2}$$

(1)　$x+y = (i+\sqrt{2})+(i-\sqrt{2}) = 2i$　　　　　　　　　　……(答)

(2)　$x-y = (i+\sqrt{2})-(i-\sqrt{2}) = 2\sqrt{2}$　　　　　　　　　……(答)

(3)　$xy = (i+\sqrt{2})(i-\sqrt{2}) = -1-2 = -3$　　　　　　　　……(答)

(4)　$x^2-y^2 = (x+y)(x-y) = 2i \cdot 2\sqrt{2} = 4\sqrt{2}\,i$　　　　……(答)

(5)　$x^3+y^3 = (x+y)^3 - 3xy(x+y) = (2i)^3 - 3\cdot(-3)\cdot 2i = 10i$　……(答)

(6)　$x^3-y^3 = (x-y)^3 + 3xy(x-y) = (2\sqrt{2})^3 + 3\cdot(-3)\cdot 2\sqrt{2} = -2\sqrt{2}$　…(答)

別解

(5)　$x^3+y^3 = (x+y)(x^2-xy+y^2) = (x+y)\{(x+y)^2 - 3xy\}$

$\quad = 2i \cdot \{(2i)^2 - 3\cdot(-3)\} = 10i$　　　　　　　　　　……(答)

(6)　$x^3-y^3 = (x-y)(x^2+xy+y^2) = (x-y)\{(x+y)^2 - xy\}$

$\quad = 2\sqrt{2} \cdot \{(2i)^2 - (-3)\} = -2\sqrt{2}$　　　　　　　　……(答)

一言コメント

(6) については次のような式変形の方法もある。

$$x^3-y^3 = (x-y)(x^2+xy+y^2) = (x-y)\{(x-y)^2 + 3xy\}$$

【1次対策演習23】 **［2次方程式の解の種類］** ━━━━━━ 数学II

次の2次方程式の解の種類を判別しなさい。

(1) $2x^2 - 7x + 5 = 0$　　　　(2) $3x^2 + 10x + 9 = 0$

POINT

2次方程式 $ax^2 + 2b'x + c = 0$ の判別式は $\dfrac{D}{4} = b'^2 - ac$

 解答

(1) 2次方程式の判別式を D とすると, $D = (-7)^2 - 4 \cdot 2 \cdot 5 = 49 - 40 = 9 > 0$ であるから, この2次方程式は異なる2つの実数解をもつ。　　……（答）

(2) 2次方程式の判別式を D とすると, $\dfrac{D}{4} = 5^2 - 3 \cdot 9 = 25 - 27 = -2 < 0$ であるから, この2次方程式は異なる2つの虚数解をもつ。　　……（答）

【1次対策演習24】 **［2次方程式の解と係数の関係］** ━━━━━━ 数学II

2次方程式 $2x^2 - 6x - 3 = 0$ の2つの解を α, β とするとき, 次の式の値を求めなさい。

(1) $\alpha + \beta$　(2) $\alpha\beta$　(3) $\alpha^2 + \beta^2$　(4) $\dfrac{\beta}{\alpha} + \dfrac{\alpha}{\beta}$　(5) $(\alpha - 1)(\beta - 1)$

POINT

2次方程式の解と係数の関係を利用する。

 解答

(1) 2次方程式の解と係数の関係より $\alpha + \beta = -\dfrac{-6}{2} = 3$　　……（答）

(2) 2次方程式の解と係数の関係より　$\alpha\beta = \dfrac{-3}{2} = -\dfrac{3}{2}$　　……（答）

(3) $\alpha^2 + \beta^2 = (\alpha + \beta)^2 - 2\alpha\beta = 3^2 - 2 \cdot \left(-\dfrac{3}{2}\right) = 9 + 3 = 12$　　……（答）

(4) $\dfrac{\beta}{\alpha} + \dfrac{\alpha}{\beta} = \dfrac{\alpha^2 + \beta^2}{\alpha\beta} = \dfrac{12}{-\frac{3}{2}} = -8$　　……（答）

(5) $(\alpha - 1)(\beta - 1) = \alpha\beta - (\alpha + \beta) + 1 = -\dfrac{3}{2} - 3 + 1 = -\dfrac{7}{2}$　　……（答）

別解

(5) $2x^2 - 6x - 3 = 2(x - \alpha)(x - \beta)$　両辺に $x = 1$ を代入して

$2 - 6 - 3 = 2(1 - \alpha)(1 - \beta)$　よって　$(\alpha - 1)(\beta - 1) = -\dfrac{7}{2}$

1次対策演習 25 　[2次式の因数分解]　━━━━━ 数学II

次の2次式を複素数の範囲で因数分解しなさい。

(1)　x^2+x+1　　　　(2)　$3x^2-4x+2$

POINT

2次方程式 $ax^2+bx+c=0$ の2つの解を α, β とすると，
$\boldsymbol{a}x^2+bx+c=\boldsymbol{a}(x-\alpha)(x-\beta)$ と因数分解できる。

 答

(1)　2次方程式 $x^2+x+1=0$ の解は

$$x=\frac{-1\pm\sqrt{1^2-4\cdot1\cdot1}}{2}=\frac{-1\pm\sqrt{3}\,i}{2}$$

よって，　$x^2+x+1=\left(x-\dfrac{-1+\sqrt{3}\,i}{2}\right)\left(x-\dfrac{-1-\sqrt{3}\,i}{2}\right)$　　……(答)

(2)　2次方程式 $3x^2-4x+2=0$ の解は

$$x=\frac{-(-2)\pm\sqrt{(-2)^2-3\cdot2}}{3}=\frac{2\pm\sqrt{4-6}}{3}=\frac{2\pm\sqrt{2}\,i}{3}$$

よって，　$3x^2-4x+2=3\left(x-\dfrac{2+\sqrt{2}\,i}{3}\right)\left(x-\dfrac{2-\sqrt{2}\,i}{3}\right)$　　……(答)

1次対策演習 26 　[2数を解とする2次方程式]　━━━━━ 数学II

2数 $-2+i$, $-2-i$ を解にもつ2次方程式を1つ作りなさい。

POINT

2次方程式の解と係数の関係を利用する。

 答

2数の和は　　$(-2+i)+(-2-i)=-4$
積は　　　　　$(-2+i)(-2-i)=4-i^2=5$
であるから，この2数を解とする2次方程式の1つは

$$x^3-(-4)x+5=0$$

すなわち，　$x^2+4x+5=0$　　　　　　　　　　　　　……(答)

2次対策演習 19 ［複素数の相等］ ━━━━━━━━━ 数学II

次の等式を満たす実数 x, y の値を求めなさい。ただし，i は虚数単位を表します。

$$(x+yi)^3 = 8i$$

POINT

左辺を展開して整理し，x と y の連立方程式を解く。

与式の左辺を展開して整理すると，

$$(x+yi)^3 = x^3 + 3x^2yi + 3x(yi)^2 + (yi)^3 = (x^3 - 3xy^2) + (3x^2y - y^3)i$$

与式は，次のようになる。

$$(x^3 - 3xy^2) + (3x^2y - y^3)i = 8i$$

x, y は実数であるから

$$\begin{cases} x^3 - 3xy^2 = 0 & \cdots\cdots① \\ 3x^2y - y^3 = 8 & \cdots\cdots② \end{cases}$$

①より，$x(x^2 - 3y^2) = 0$
よって，$x = 0$　または　$x^2 = 3y^2$

i) $x = 0$ のとき
　②に代入して，$y^3 = -8$
　y は実数であるから，$y = -2$

ii) $x^2 = 3y^2$ のとき
　②に代入して，$8y^3 = 8$ ゆえに　$y^3 = 1$
　y は実数であるから，$y = 1$
　$x^2 = 3y^2$ であるから，$x = \pm\sqrt{3}$

したがって，

$$(x,\ y) = (0\ ,-2), (\pm\sqrt{3}\ ,1) \qquad\qquad \cdots\cdots(答)$$

2次対策演習 20 　[2次方程式の解の種類]　————————数学II

> $f(x) = x^2 - (a+1)x + 3a - 2$ について，次の問いに答えなさい。ただし，a は実数とします。
>
> (1) 2次方程式 $f(x) = 0$ が虚数解をもつように，a の値の範囲を定めなさい。
>
> (2) a が (1) の範囲を満たすとき，$x \leqq 1$ における2次関数 $y = f(x)$ の最小値を a を用いて表しなさい。

POINT

> - 2次方程式が虚数解をもつ　$\iff$　判別式 $D < 0$
> - 2次関数の最小値を求める場合は，放物線の軸の位置と定義域との位置関係を調べるとよい。

解答 ————————

(1) 判別式を D とすると，

$$D = (a+1)^2 - 4(3a-2) = a^2 + 2a + 1 - 12a + 8 = a^2 - 10a + 9$$
$$= (a-1)(a-9)$$

この2次方程式が虚数解をもつ条件は，$D < 0$ であるから，

$$(a-1)(a-9) < 0$$

よって，$1 < a < 9$　　　　　　　　　　　　　　……(答)

(2) 2次関数のグラフの軸の方程式は，

$$x = \frac{a+1}{2}$$

(1) より軸の位置は次のようになる。

$$1 = \frac{1+1}{2} < \frac{a+1}{2} < \frac{9+1}{2} = 5$$

したがって，右図より求める最小値は

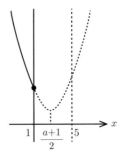

$$f(1) = 1 - (a+1) + 3a - 2 = 2a - 2 \cdots (答)$$

［2数を解とする2次方程式1］　━━━━━ 数学Ⅱ

> 2次方程式 $2x^2+3x+1=0$ の2つの解を α, β とするとき，2数 $\dfrac{\alpha}{\beta}$, $\dfrac{\beta}{\alpha}$ を
> 解にもつ2次方程式のうち係数がすべて整数であるものを1つ作りなさい。

解答

2次方程式の解と係数の関係より，$\alpha+\beta=-\dfrac{3}{2}$ ，$\alpha\beta=\dfrac{1}{2}$

であるから，2数の和と積は

$$\frac{\alpha}{\beta}+\frac{\beta}{\alpha}=\frac{\alpha^2+\beta^2}{\alpha\beta}=\frac{(\alpha+\beta)^2-2\alpha\beta}{\alpha\beta}=\frac{\left(-\frac{3}{2}\right)^2-2\cdot\frac{1}{2}}{\frac{1}{2}}=\frac{\frac{9}{4}-1}{\frac{1}{2}}=\frac{5}{2},$$

$$\frac{\alpha}{\beta}\cdot\frac{\beta}{\alpha}=1$$

よって，この2数を解とする2次方程式の1つは

$$x^2-\frac{5}{2}x+1=0 \quad \text{すなわち} \quad 2x^2-5x+2=0 \qquad \cdots\cdots(答)$$

2次対策演習4　**［2数を解とする2次方程式2］**　━━━━━ 数学Ⅱ

> 連立方程式 $\begin{cases} x+2xy+y=7 \\ x^2y+xy^2=6 \end{cases}$ を解きなさい。

POINT

> 左辺が対称式であることに着目し，$x+y$ と xy の値を求めよう。

解答

$x+y=p$, $xy=q$ とし，連立方程式を p,q で表すと $\begin{cases} p+2q=7 & \cdots① \\ pq=6 & \cdots② \end{cases}$

①より $p=7-2q$ これを②に代入して整理すると，$2q^2-7q+6=0$

これを解いて，$q=\dfrac{3}{2}$, 2　よって，$(p, q)=\left(4, \dfrac{3}{2}\right)$, $(3, 2)$

i) $(p, q)=(x+y, xy)=\left(4, \dfrac{3}{2}\right)$ のとき，x, y は t についての2次方程式

$2t^2-8t+3=0$ の2つの解である。$t=\dfrac{4\pm\sqrt{16-6}}{2}=\dfrac{4\pm\sqrt{10}}{2}$

ii) $(p, q)=(x+y, xy)=(3, 2)$ のとき，x, y は t についての2次方程式

$t^2-3t+2=0$ の2つの解である。$t=1, 2$

したがって

$$(x,y)=\left(\frac{4+\sqrt{10}}{2}, \frac{4-\sqrt{10}}{2}\right), \left(\frac{4-\sqrt{10}}{2}, \frac{4+\sqrt{10}}{2}\right), (1, 2), (2, 1) \cdots(答)$$

$$\boxed{第}\ \boxed{6}\ \boxed{節}\quad 高次方程式 \hspace{3cm} \text{数学 II}$$

$\boxed{\text{基本事項の解説}}$

$\boxed{\text{剰余の定理}}$

多項式 $P(x)$ を 1 次式 $x-a$ で割ったときの余りは，$P(a)$ に等しい。

多項式 $P(x)$ を 1 次式 $ax+b$ で割ったときの余りは，$P\left(-\dfrac{b}{a}\right)$ に等しい。

$\boxed{\text{因数定理}}$

多項式 $P(x)$ について

$$P(x) が 1 次式 x-a で割り切れる \iff P(a)=0$$

すなわち，

$$P(x)=(x-a)Q(x) と表せる \iff P(a)=0$$

$\boxed{\text{高次方程式}}$

多項式 $P(x)$ が n 次式のとき，方程式 $P(x)=0$ を **n 次方程式**という。特に，3 次以上の方程式を**高次方程式**という。

$\boxed{\text{高次方程式の解き方}}$

① 3 次式の因数分解の公式を利用する。

② 因数定理を利用する。

※ 整数係数の方程式 $P(x)=0$ の場合，$P(a)=0$ となる値 a の見つけ方

$$a=\pm\frac{|\,\text{定数項の約数}\,|}{|\,\text{最高次の係数の約数}\,|}$$

$\boxed{\text{3 次方程式の解と係数の関係}}$

3 次方程式 $ax^3+bx^2+cx+d=0$ の 3 つの解を α, β, γ とすると，

$$\alpha+\beta+\gamma=-\frac{b}{a}, \qquad \alpha\beta+\beta\gamma+\gamma\alpha=\frac{c}{a}, \qquad \alpha\beta\gamma=-\frac{d}{a}$$

1次対策演習 27　［剰余の定理 1］ ━━━━━━━━━━ 数学 II

(1)　**過去問題**　多項式 $2x^3 - 3x + 5$ を 1 次式 $x+1$ で割ったときの余りを求めなさい。

(2)　多項式 $4x^3 - 2x^2 + 3x - 1$ を 1 次式 $2x - 1$ で割ったときの余りを求めなさい。

POINT

- 剰余の定理を利用する。
- (1) は $x+1=0$,　(2) は $2x-1=0$ を満たす x の値を代入するとよい。

(1)　$P(x) = 2x^3 - 3x + 5$ とする。剰余の定理より，求める余りは

$$P(-1) = -2 + 3 + 5 = 6 \quad\quad\quad ……（答）$$

(2)　$P(x) = 4x^3 - 2x^2 + 3x - 1$ とする。剰余の定理より，求める余りは

$$P\left(\frac{1}{2}\right) = \frac{1}{2} - \frac{1}{2} + \frac{3}{2} - 1 = \frac{1}{2} \quad\quad ……（答）$$

1次対策演習 28　［剰余の定理 2・因数定理］ ━━━━━━━━ 数学 II

(1)　$P(x) = 3x^3 + ax^2 - 12x + 3$ を $x-1$ で割ったときの余りが -5 となるように，定数 a の値を定めなさい。

(2)　$P(x) = 2x^3 + ax^2 + 3x + 2$ を $2x+1$ で割り切れるように，定数 a の値を定めなさい。

(1)　$P(x)$ を $x-1$ で割ったときの余りが -5 であるから，剰余の定理より
$P(1) = -5$
$P(1) = 3 + a - 12 + 3 = a - 6$ であるから，$a - 6 = -5$　よって，$a = 1$ ……（答）

(2)　$P(x)$ を $2x+1$ で割ると割り切れるのは，因数定理より，$P\left(-\frac{1}{2}\right) = 0$ のときである。

$$P\left(-\frac{1}{2}\right) = -\frac{1}{4} + \frac{a}{4} - \frac{3}{2} + 2 = \frac{a+1}{4}$$

であるから，$a+1=0$　よって，$a=-1$ ……（答）

1次対策演習 29 ┃ **[高次方程式 1]** ━━━━━━━━━━ 数学Ⅱ

次の方程式を解きなさい。 (1) $x^3 - 1 = 0$ (2) $27x^3 + 8 = 0$

POINT

因数分解の公式を利用する。

(1) $x^3 - 1 = (x-1)(x^2+x+1)$ であるから，与えられた方程式は

$(x-1)(x^2+x+1) = 0$ よって $x = 1$, $\dfrac{-1 \pm \sqrt{3}\,i}{2}$ ……(答)

(2) $27x^3 + 8 = (3x+2)(9x^2-6x+4)$ であるから，与えられた方程式は

$(3x+2)(9x^2-6x+4) = 0$ $3x+2 = 0$ または $9x^2-6x+4 = 0$

よって $x = -\dfrac{2}{3}$, $\dfrac{1 \pm \sqrt{3}\,i}{3}$ …(答)

1次対策演習 30 ┃ **[高次方程式 2]** ━━━━━━━━━━ 数学Ⅱ

次の方程式を解きなさい。
(1) $2x^4 + 3x^2 - 2 = 0$ (2) $x^6 + 7x^3 - 8 = 0$

POINT

(1)は $x^2 = t$, (2)は $x^3 = t$ のように置き換え，2次方程式にして因数分解する。

(1) $x^2 = t$ とおくと，与えられた方程式は $2t^2 + 3t - 2 = 0$ となる。

$(2t-1)(t+2) = 0$ であるから， $(2x^2-1)(x^2+2) = 0$

よって $x = \pm\dfrac{\sqrt{2}}{2}$, $\pm\sqrt{2}\,i$ ……(答)

(2) $x^3 = t$ とおくと，与えられた方程式は $t^2 + 7t - 8 = 0$ となる。

$(t+8)(t-1) = 0$ であるから， $(x^3+8)(x^3-1) = 0$

$$(x+2)(x^2-2x+4)(x-1)(x^2+x+1) = 0$$

よって $x = -2,\ 1,\ 1 \pm \sqrt{3}\,i,\ \dfrac{-1 \pm \sqrt{3}\,i}{2}$ ……(答)

[高次方程式 **3**] $\qquad$ 数学 II

次の方程式を解きなさい。

(1) $x^3+2x^2-5x-6=0$　　　(2) $2x^3-5x^2+8x-3=0$

POINT

因数定理を利用する。

解答

(1)　$P(x)=x^3+2x^2-5x-6$ とおくと，$P(-1)=-1+2+5-6=0$
であるから，因数定理より $P(x)=(x+1)(x^2+x-6)=(x+1)(x-2)(x+3)$
与えられた方程式は，$(x+1)(x-2)(x+3)=0$

よって　$x=-1,\ 2,\ -3$　　　　　　　　　　　　　　……(答)

(2)　$27x^3+8=(3x+2)(9x^2-6x+4)$ であるから，与えられた方程式は

$$(3x+2)(9x^2-6x+4)=0$$

よって　$x=-\dfrac{2}{3},\ \dfrac{1\pm\sqrt{3}\,i}{3}$　　　　　　　　　……(答)

 [高次方程式 **4**] $\qquad$ 数学 II

方程式 $x^4+3x^3-5x^2-13x+6=0$ を解きなさい。

POINT

因数定理を 2 回用いる。

解答

$P(x)=x^4+3x^3-5x^2-13x+6$ とおくと，$P(2)=16+24-20-26+6=0$ で
あるから，因数定理より $P(x)=(x-2)(x^3+5x^2+5x-3)$
$Q(x)=x^3+5x^2+5x-3$ とおくと，$Q(-3)=-27+45-15-3=0$ であるから，
因数定理より $Q(x)=(x+3)(x^2+2x-1)$
与えられた方程式は，$(x-2)(x+3)(x^2+2x-1)=0$

よって　$x=2,-3,-1\pm\sqrt{2}$　　　　　　　　　　　　……(答)

2次対策演習22 ［剰余の定理］ ──────────────── 数学II

多項式 $P(x)$ を $x-3$ で割ったときの余りが3, $x+2$ で割ったときの余りが -7 です。$P(x)$ を $(x-3)(x+2)$ で割ったときの余りを求めなさい。

POINT

- 多項式 A を多項式 B で割ったときの商を Q, 余りを R とすると,

$$A = BQ + R \quad ただし, (B の次数) > (R の次数)$$

  である。

- 2次式で割ったときの余りは, 1次式または定数であるから, 余りを $ax+b$ とおく。

- 剰余の定理を利用する。

 解答 ────────────────────────────

多項式 $P(x)$ を2次式 $(x-3)(x+2)$ で割ったときの商を $Q(x)$, 余りは1次以下の多項式であるから $ax+b$ とおくと,

$$P(x) = (x-3)(x+2)Q(x) + ax + b \qquad \cdots\cdots ①$$

$P(x)$ を $x-3$ で割ったときの余りが3, $x+2$ で割ったときの余りが -7 であるから, 剰余の定理より　$P(3) = 3$ かつ $P(-2) = -7$

①より

$$\begin{cases} 3a + b = 3 \\ -2a + b = -7 \end{cases}$$

これを解いて,

$$a = 2, \qquad b = -3$$

したがって, 求める余りは $2x - 3$ 　　　　　　　　　　　　 $\cdots\cdots$(答)

2次対策演習 23　[**3次方程式の複素数解**] ━━━━━━ 数学Ⅱ

a, b を実数の定数とします。3次方程式 $x^3 + ax^2 - 5x + b = 0$ が $x = 1 + \sqrt{2}\,i$ を解にもつとき，定数 a, b の値を求めなさい。また，他の解を求めなさい。ただし，i は虚数単位を表します。

POINT

実数を係数とする方程式が複素数 α を解にもつとき，その共役な複素数 $\overline{\alpha}$ も解である。

 解答

与えられた方程式は係数が実数であり，$x = 1 + \sqrt{2}\,i$ を解にもつから，共役な複素数 $1 - \sqrt{2}\,i$ も解となる。もう一つの解を α とすると，3次方程式の解と係数の関係より，

$$\begin{cases} (1+\sqrt{2}\,i)+(1-\sqrt{2}\,i)+\alpha = -a & \cdots\cdots① \\ (1+\sqrt{2}\,i)(1-\sqrt{2}\,i)+(1-\sqrt{2}\,i)\alpha+\alpha(1+\sqrt{2}\,i) = -5 & \cdots\cdots② \\ (1+\sqrt{2}\,i)(1-\sqrt{2}\,i)\alpha = -b & \cdots\cdots③ \end{cases}$$

②より，$3 + 2\alpha = -5$　　よって，$\alpha = -4$

①より，$a = -(2+\alpha) = 2$　　③より，$b = -3\alpha = 12$

したがって，$a = 2$，$b = 12$，　他の解は，$x = 1 - \sqrt{2}\,i$，-4　　$\cdots\cdots$(答)

 別解

$x = 1 + \sqrt{2}\,i$ を代入して $(1+\sqrt{2}\,i)^3 + a(1+\sqrt{2}\,i)^2 - 5(1+\sqrt{2}\,i) + b = 0 \cdots (*)$

ここで，$(1+\sqrt{2}\,i)^2 = 1 + 2\sqrt{2}\,i - 2 = -1 + 2\sqrt{2}\,i$

$$(1+\sqrt{2}\,i)^3 = (1+\sqrt{2}\,i)(1+\sqrt{2}\,i)^2 = (1+\sqrt{2}\,i)(-1+2\sqrt{2}\,i) = -5 + \sqrt{2}\,i$$

$(*)$ を整理すると，$(-a+b-10) + 2(a-2)\sqrt{2}\,i = 0$

a, b は実数より，$-a+b-10 = 0$　かつ　$a - 2 = 0$

よって，$a = 2$，$b = 12$

与えられた方程式は，$x^3 + 2x^2 - 5x + 12 = 0$ となり，$(x+4)(x^2 - 2x + 3) = 0$

よって，$x = -4$，$1 \pm \sqrt{2}\,i$

したがって，$a = 2$，$b = 12$，他の解は，$x = 1 - \sqrt{2}\,i$，-4　　$\cdots\cdots$(答)

2次対策演習 24   **［3次方程式と重解］** ──────── 数学II

a を実数の定数とします。

3次方程式 $x^3+2(a-1)x^2-(2a-3)x-4a-6=0$ が2重解をもつように，定数 a の値を定めなさい。また，そのときの解を求めなさい。

POINT

> 3次方程式 $P(x)=0$ が2重解をもつ $\iff$ $P(x)=(x-\alpha)^2(x-\beta)$ $(\alpha \neq \beta)$
>
> $\iff$ 3次方程式 $P(x)=0$ が異なる2つの実数解をもつ

左辺を a について整理すると，

$$x^3+2(a-1)x^2-(2a-3)x-4a-6=(2x^2-2x-4)a+(x^3-2x^2+3x-6)$$
$$=2(x-2)(x+1)a+(x-2)(x^2+3)=(x-2)(x^2+2ax+2a+3)$$

よって，$x-2=0$ ……① または $x^2+2ax+2a+3=0$ ……②

与えられた方程式が2重解をもつのは次のいずれかである。

i) ②が異なる2つの実数解をもち，その1つが $x=2$ である場合

ii) ②が $x=2$ と異なる重解をもつ場合

$f(x)=x^2+2ax+2a+3$ とおき，$f(x)=0$ の判別式を D とすると

$$\frac{D}{4}=a^2-(2a+3)=(a+1)(a-3)$$

i) の場合，②は異なる2つの実数解をもつので，

$D>0$ すなわち $a<-1,\ 3<a$ ……③

また，$f(2)=4+4a+2a+3=6a+7=0$ よって $a=-\dfrac{7}{6}$

これは，③を満たす。

このとき，②は $x^2-\dfrac{7}{3}x+\dfrac{2}{3}=0$ $3x^2-7x+2=0$

$(x-2)(3x-1)=0$ よって，$x=2,\ \dfrac{1}{3}$

ii) の場合，②が重解をもつので $D=0$ すなわち $a=-1,\ 3$

$a=-1$ のとき，重解は $x=-a=1$ となり，$x=2$ とは異なる。

$a=3$ のとき，重解は $x=-a=-3$ となり，$x=2$ とは異なる。

したがって
$$\begin{cases} a=-\dfrac{7}{6} \text{ のとき } x=\dfrac{1}{3},2 \text{ (2重解)} \\ a=-1 \text{ のとき } x=2,1 \text{ (2重解)} \\ a=3 \text{ のとき } x=2,-3 \text{ (2重解)} \end{cases}$$
······(答)

別解

2重解を α, もう1つの解を β とおく。ただし，$\alpha \neq \beta$ とする。

このとき，$x^3+2(a-1)x^2-(2a-3)x-4a-6=(x-\alpha)^2(x-\beta)$

右辺を展開して整理すると

$$x^3+2(a-1)x^2-(2a-3)x-4a-6=x^3-(2\alpha+\beta)x^2+(\alpha^2+2\alpha\beta)x-\alpha^2\beta$$

両辺の係数を比較すると

$$\begin{cases} -2\alpha-\beta=2(a-1) \\ \alpha^2+2\alpha\beta=-2a+3 \\ -\alpha^2\beta=-4a-6 \end{cases} \text{ すなわち } \begin{cases} 2\alpha+\beta+2a=2 & ······① \\ \alpha^2+2\alpha\beta+2a=3 & ······② \\ \alpha^2\beta-4a=6 & ······③ \end{cases}$$

①より $\quad \beta=2-2\alpha-2a \quad$······④

④を②に代入すると $\quad \alpha^2+2\alpha(2-2\alpha-2a)+2a=3$

$\qquad\qquad\qquad\qquad 3\alpha^2-4\alpha+2(2\alpha-1)a=-3 \quad$······⑤

④を③に代入すると $\quad \alpha^2(2-2\alpha-2a)-4a=6$

$\qquad\qquad\qquad\qquad -\alpha^3+\alpha^2-(\alpha^2+2)a=3 \quad$······⑥

⑤+⑥より $\qquad -\alpha^3+4\alpha^2-4\alpha-(\alpha^2-4\alpha+4)a=0$

$(\alpha^2-4\alpha+4)(\alpha+a)=0 \quad \therefore (\alpha-2)^2(\alpha+a)=0 \quad$ よって，$\alpha=2,-a$

$\alpha=2$ のとき ⑥に代入して $a=-\dfrac{7}{6} \quad$ ④に代入して $\quad \beta=\dfrac{1}{3}$

$\alpha=-a$ のとき ④に代入して $\quad \beta=2$

$\qquad\qquad$ ⑥に代入して $\quad a^2-2a-3=0$

$\qquad\qquad (a+1)(a-3)=0 \quad$ よって $\quad a=-1,3$

したがって
$$\begin{cases} a=-\dfrac{7}{6} \text{ のとき } x=\dfrac{1}{3},2 \text{ (2重解)} \\ a=-1 \text{ のとき } x=2,1 \text{ (2重解)} \\ a=3 \text{ のとき } x=2,-3 \text{ (2重解)} \end{cases}$$
······(答)

一言コメント

2重解を α, もう1つの解を β $(\alpha \neq \beta)$ とおき，3つの解を α,α,β として3次
方程式の解と係数の関係を利用し，別解の連立方程式を導くこともできる。

2次対策演習 25 ［**3次方程式の解と係数の関係**］ ━━━━ 数学 II

3次方程式 $2x^3+4x^2+3x-1=0$ の3つの解を α, β, γ とするとき，次の
式の値を求めなさい。

(1) $\alpha^2+\beta^2+\gamma^2$ (2) $\alpha^3+\beta^3+\gamma^3$ (3) $(\alpha+2)(\beta+2)(\gamma+2)$

POINT

3次方程式の解と係数の関係を利用する。
$\alpha^3+\beta^3+\gamma^3-3\alpha\beta\gamma = (\alpha+\beta+\gamma)(\alpha^2+\beta^2+\gamma^2-\alpha\beta-\beta\gamma-\gamma\alpha)$ も利用。

3次方程式の解と係数の関係より，

$$\alpha+\beta+\gamma=-2 , \qquad \alpha\beta+\beta\gamma+\gamma\alpha=\frac{3}{2} , \qquad \alpha\beta\gamma=\frac{1}{2}$$

(1) $\alpha^2+\beta^2+\gamma^2=(\alpha+\beta+\gamma)^2-2(\alpha\beta+\beta\gamma+\gamma\alpha)=(-2)^2-2\cdot\frac{3}{2}=1$ ···(答)

(2) $\alpha^3+\beta^3+\gamma^3=(\alpha+\beta+\gamma)(\alpha^2+\beta^2+\gamma^2-\alpha\beta-\beta\gamma-\gamma\alpha)+3\alpha\beta\gamma$

$$=-2\cdot\left(1-\frac{3}{2}\right)+3\cdot\frac{1}{2}=\frac{5}{2}$$ ······(答)

(3) $(\alpha+2)(\beta+2)(\gamma+2)=\alpha\beta\gamma+2(\alpha\beta+\beta\gamma+\gamma\alpha)+4(\alpha+\beta+\gamma)+8$

$$=\frac{1}{2}+2\cdot\frac{3}{2}+4\cdot(-2)+8=\frac{7}{2}$$ ······(答)

(2) α, β, γ は $2x^3+4x^2+3x-1=0$ の解であるから

$$2\alpha^3+4\alpha^2+3\alpha-1=0 \text{ より } \alpha^3=-2\alpha^2-\frac{3}{2}\alpha+\frac{1}{2}$$

$$2\beta^3+4\beta^2+3\beta-1=0 \text{ より } \beta^3=-2\beta^2-\frac{3}{2}\beta+\frac{1}{2}$$

$$2\gamma^3+4\gamma^2+3\gamma-1=0 \text{ より } \gamma^3=-2\gamma^2-\frac{3}{2}\gamma+\frac{1}{2}$$

よって $\alpha^3+\beta^3+\gamma^3=-2(\alpha^2+\beta^2+\gamma^2)-\frac{3}{2}(\alpha+\beta+\gamma)+\frac{3}{2}=\frac{5}{2}$ ···(答)

(3) $2x^3+4x^2+3x-1=2(x-\alpha)(x-\beta)(x-\gamma)$ の両辺に $x=-2$ を代入して

$$2\cdot(-2)^3+4\cdot(-2)^2+3\cdot(-2)-1=2(-2-\alpha)(-2-\beta)(-2-\gamma)$$

よって $(\alpha+2)(\beta+2)(\gamma+2)=-\dfrac{-16+16-6-1}{2}=\dfrac{7}{2}$ ······(答)

基本事項の解説

$a(\neq 0)$, b, c, p, q を定数とする。

$a > 0$ のとき

$y = a(x-p)^2 + q$

$y = ax^2$

2次関数とそのグラフ

2次関数の一般形 $\quad y = ax^2 + bx + c \quad \cdots\cdots$①

2次関数の標準形 $\quad y = a(x-p)^2 + q \quad \cdots\cdots$②

- ②のグラフは，$y = ax^2$ のグラフを x 軸方向に p，
y 軸方向に q だけ平行移動した**放物線**であり，
$a > 0$ のとき下に凸，$a < 0$ のとき上に凸である。

- ①を平方完成し，②の形に変形すると次のようになる。

$$y = a\left(x + \frac{b}{2a}\right)^2 - \frac{b^2 - 4ac}{4a}$$

このとき，**軸**は直線 $x = -\dfrac{b}{2a}$，**頂点**は点 $\left(-\dfrac{b}{2a}, -\dfrac{b^2 - 4ac}{4a}\right)$ である。

2次関数 $y = a(x-p)^2 + q$ の最大・最小

- 定義域に制限がない場合

	$a > 0$	$a < 0$
グラフ		
最大値	最大値はない。	$x = p$ のとき最大値 q をとる。
最小値	$x = p$ のとき最小値 q をとる。	最小値はない。

- 定義域に制限がある場合

  定義域内でグラフを描き，次の3つについて着目する。

  ① 軸（直線 $x = p$）と定義域との位置関係

  ② 頂点の y 座標 q

  ③ 定義域の端の点の y 座標

2次関数 $y = ax^2 + bx + c$ のグラフと x 軸との位置関係

- $a > 0$ とする。

$D = b^2 - 4ac$	$D > 0$	$D = 0$	$D < 0$
x 軸との 位置関係	異なる2点で 交わる	接する	共有点をもたない
x 軸との 共有点の個数	 共有点2個	 共有点1個	 共有点0個

2次不等式の解

- $a > 0$ とする。

$D = b^2 - 4ac$	$D > 0$	$D = 0$	$D < 0$
x 軸との 位置関係	異なる2点で 交わる	接する	共有点をもたない
$y = ax^2 + bx + c$ のグラフと x 軸 との位置関係			
$ax^2 + bx + c > 0$ の解	$x < \alpha$, $\beta < x$	α 以外のすべての実数	すべての実数
$ax^2 + bx + c \geqq 0$ の解	$x \leqq \alpha$, $\beta \leqq x$	すべての実数	すべての実数
$ax^2 + bx + c < 0$ の解	$\alpha < x < \beta$	解はない	解はない
$ax^2 + bx + c \leqq 0$ の解	$\alpha \leqq x \leqq \beta$	$x = \alpha$	解はない

- $a < 0$ のときは，両辺に -1 をかけて，x^2 の係数を正に直して解く。その際に不等号の向きが変化することに注意する。

[2次関数のグラフ] ━━━━━━ 数学Ⅰ

次の2次関数のグラフの軸と頂点の座標を求めなさい。

(1) $y=2(x+3)^2+1$　　　(2) $y=-x^2+2x-3$　　　(3) $y=3(x-2)(x+3)$

POINT

式を平方完成して，$y=a(x-p)^2+q$ の形にする。

解答 ━━━━━━━━━━━━━━━━━━━━━━━━━━━━

(1) 軸は直線 $x=-3$，頂点の座標は $(-3,\ 1)$　　　　　　……(答)

(2) $y=-x^2+2x-3=-(x^2-2x)-3=-\{(x-1)^2-1\}-3=-(x-1)^2-2$

よって，軸は直線 $x=1$　，頂点の座標は $(1,\ -2)$　　　　……(答)

(3) $y=3(x-2)(x+3)=3(x^2+x-6)=3(x^2+x)-18$

$\qquad =3\left\{\left(x+\dfrac{1}{2}\right)^2-\dfrac{1}{4}\right\}-18=3\left(x+\dfrac{1}{2}\right)^2-\dfrac{75}{4}$

よって，軸は直線 $x=-\dfrac{1}{2}$，頂点の座標は $\left(-\dfrac{1}{2},\ -\dfrac{75}{4}\right)$　　……(答)

 [最大・最小1] ━━━━━━ 数学Ⅰ

次の2次関数について，最大値または最小値があればその値とそのときの x の値を求めなさい。

(1) $y=2x^2+8x+4$　　　　　　(2) $y=-x^2+3x-2$

解答 ━━━━━━━━━━━━━━━━━━━━━━━━━━━━

(1) $y=2x^2+8x+4=2(x^2+4x)+4=2\{(x+2)^2-4\}+4$

$\qquad =2(x+2)^2-4$

よって，$x=-2$ のとき最小値 -4 をとる。最大値なし。　　……(答)

(2) $y=-x^2+3x-2=-(x^2-3x)-2=-\left\{\left(x-\dfrac{3}{2}\right)^2-\dfrac{9}{4}\right\}-2$

$\qquad =-\left(x-\dfrac{3}{2}\right)^2+\dfrac{9}{4}-2=-\left(x-\dfrac{3}{2}\right)^2+\dfrac{1}{4}$

よって，$x=\dfrac{3}{2}$ のとき最大値 $\dfrac{3}{2}$ をとる。最小値なし。　　……(答)

1次対策演習3　[最大・最小2]　━━━━━━━━━━数学Ⅰ

次の2次関数 $y = x^2 - 4x + 3$ について，次の定義域における最大値および最小値と，そのときの x の値を求めなさい。

(1) $-1 \leqq x \leqq 1$　　　(2) $0 \leqq x \leqq 3$　　　(3) $1 \leqq x \leqq 5$　　　(4) $4 < x \leqq 6$

解答 ━━━━━━━━

$$y = x^2 - 4x + 3 = (x^2 - 4x) + 3 = \{(x-2)^2 - 4\} + 3$$
$$= (x-2)^2 - 1$$

(1) $-1 \leqq x \leqq 1$ のとき，グラフは右図のようになる。
よって，グラフより
　　$x = -1$ のとき最大値8をとる。　　……(答)
　　$x = 1$ のとき　最小値0をとる。　　……(答)

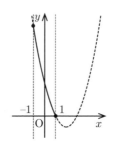

(2) $0 \leqq x \leqq 3$ のとき，グラフは右図のようになる。
よって，グラフより
　　$x = 0$ のとき最大値3をとる。　　……(答)
　　$x = 2$ のとき最小値 -1 をとる。　　……(答)

(3) $1 \leqq x \leqq 5$ のとき，グラフは右図のようになる。
よって，グラフより
　　$x = 5$ のとき最大値8をとる。　　……(答)
　　$x = 2$ のとき最小値 -1 をとる。　　……(答)

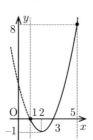

(4) $4 < x \leqq 6$ のとき，グラフは右図のようになる。
よって，グラフより
　　$x = 6$ のとき最大値15をとる。　　……(答)
　　最小値はない。　　……(答)

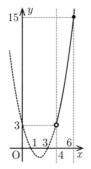

1次対策演習4　［グラフと x 軸との位置関係1］ ────── 数学Ⅰ

次の2次関数のグラフと x 軸との共有点の個数を求めなさい。

(1) $y = x^2 - x + 2$　　(2) $y = 3x^2 - 18x + 27$　　(3) $y = -2x^2 + 3x - 1$

解答 ──────────────────────────

(1) 2次方程式 $x^2 - x + 2 = 0$ の判別式を D とすると，

$D = 1^2 - 4 \times 1 \times 2 = -7 < 0$ であるから，共有点の個数は0個である。……(答)

(2) 2次方程式 $3x^2 - 18x + 27 = 0$ の判別式を D とすると，

$\dfrac{D}{4} = 9^2 - 3 \times 27 = 81 - 81 = 0$ であるから，共有点の個数は1個である。
……(答)

(3) 2次方程式 $-2x^2 + 3x - 1 = 0$ の判別式を D とすると，

$D = 3^2 - 4 \times (-2) \times (-1) = 1 > 0$ であるから，共有点の個数は2個である。
……(答)

 1次対策演習5　［グラフと x 軸との位置関係2］ ────── 数学Ⅰ

2次関数 $y = x^2 + 2kx + 3k - 2$ のグラフが x 軸と接するように定数 k の値を定め，そのときの接点の座標を求めなさい。

POINT

- 2次関数のグラフが x 軸と接する $\iff$ 2次方程式の判別式 $D = 0$
- 頂点の x 座標は，$x = -\dfrac{b}{2a}$ である。

解答 ──────────────────────────

2次方程式 $x^2 + 2kx + 3k - 2 = 0$ の判別式を D とすると，

$\dfrac{D}{4} = k^2 - (3k - 2) = (k - 1)(k - 2) = 0$　よって，$k = 1, 2$

接点の x 座標は $x = -k$ であるから，

$k = 1$ のとき接点の座標は $(-1, 0)$，$k = 2$ のとき接点の座標は $(-2, 0)$　　…(答)

 別解 ──────────────────────────

$y = x^2 + 2kx + 3k - 2 = (x + k)^2 - k^2 + 3k - 2$ より，頂点は $(-k, -k^2 + 3k - 2)$

グラフが x 軸に接する条件は，頂点の y 座標 $-k^2 + 3k - 2 = 0$

$-(k - 1)(k - 2) = 0$ であるから，$k = 1, 2$　　よって，

$k = 1$ のとき接点の座標は $(-1, 0)$，$k = 2$ のとき接点の座標は $(-2, 0)$ ……(答)

1次対策演習6　［グラフと x 軸との位置関係3］　━━━━━ 数学Ⅰ

(1) 2次関数 $y=-x^2+2kx-k^2+k+3$ のグラフが x 軸と共有点をもつように定数 k の値の範囲を定めなさい。

(2) 2次関数 $y=3x^2+4(k+1)x+k^2-k-2$ のグラフが x 軸と共有点をもたないように定数 k の値の範囲を定めなさい。

POINT

2次方程式 $f(x)=0$ の判別式を D とすると，

- 2次関数 $y=f(x)$ のグラフが x 軸と共有点をもつ　　　$\Longleftrightarrow$　　$D \geqq 0$
- 2次関数 $y=f(x)$ のグラフが x 軸と共有点をもたない　$\Longleftrightarrow$　　$D < 0$

解答

(1) 2次方程式 $-x^2+2kx-k^2+k+3=0$ の判別式を D とすると，

$\dfrac{D}{4}=k^2-(-1)\times(-k^2+k+3)=k+3 \geqq 0$　　よって，$k \geqq -3$　　　$\cdots\cdots$（答）

(2) 2次方程式 $3x^2+4(k+1)x+k^2-k-2=0$ の判別式を D とすると，

$\dfrac{D}{4}=\{2(k+1)\}^2-3\times(k^2-k-2)=k^2+11k+10=(k+1)(k+10)<0$

よって，$-10<k<-1$　　　$\cdots\cdots$（答）

別解

(1) $y=-x^2+2kx-k^2+k+3=-(x^2-2kx+k^2)+k+3=-(x-k)^2+k+3$

であるから，頂点の座標は $(k,\ k+3)$

グラフは上に凸であるから，グラフと x 軸とが共有点をもつ条件は

頂点の y 座標 $k+3 \geqq 0$　　よって，$k \geqq -3$　　　$\cdots\cdots$（答）

(2) $y=3x^2+4(k+1)x+k^2-k-2 = 3\left\{x^2+\dfrac{4}{3}(k+1)x\right\}+k^2-k-2$

$=3\left\{x+\dfrac{2}{3}(k+1)\right\}^2-3\times\dfrac{4}{9}(k+1)^2+k^2-k-2$

$=3\left\{x+\dfrac{2}{3}(k+1)\right\}^2-\dfrac{4k^2+8k+4-3k^2+3k+6}{3}=3\left\{x+\dfrac{2}{3}(k+1)\right\}^2-\dfrac{k^2+11k+10}{3}$

であるから，頂点の座標は $\left(-\dfrac{2}{3}(k+1),\ -\dfrac{k^2+11k+10}{3}\right)$

グラフは下に凸であるから，グラフと x 軸とが共有点をもたない条件は頂点

の y 座標 $-\dfrac{k^2+11k+10}{3}>0$　　ゆえに $k^2+11k+10<0$

ゆえに $(k+1)(k+10)<0$　　よって，$-10<k<-1$　　　$\cdots\cdots$（答）

1次対策演習7 **[2次不等式]**

次の2次不等式を解きなさい。

(1) $x^2-5x-14>0$　　　　(2) $2x^2-x-6<0$

(3) $-x^2+10x-25\geqq0$　　(4) $(\sqrt{2}+1)x^2-2x+\sqrt{2}-1>0$

(5) $x^2+4x+16\geqq0$　　　(6) $2x^2-x+3\leqq0$

(7) 過去問題 $x^2-x-3\geqq0$　　(8) $-3x^2-9x+6>0$

解答

(1) $(x+2)(x-7)>0$　よって，求める解は，$x<-2$, $7<x$　　……(答)

(2) $(2x+3)(x-2)<0$　よって，求める解は，$-\dfrac{3}{2}<x<2$　　……(答)

(3) 両辺に-1をかけて　$x^2-10x+25\leqq0$

$(x-5)^2\leqq0$

求める解は，$x=5$　　……(答)

> x^2 の係数を正に変えて解く。その際に，不等号の向きを変える。

(4) 両辺に$\sqrt{2}-1(>0)$をかけて

$x^2-2(\sqrt{2}-1)x+(\sqrt{2}-1)^2>0$

$(x-\sqrt{2}+1)^2>0$

求める解は，$\sqrt{2}-1$ 以外のすべての実数…(答)

> x^2 の係数を有理化して解く。

(5) $x^2+4x+16=0$の判別式をDとすると，$\dfrac{D}{4}=4-16=-12<0$

x^2 の係数は正より，求める解は，すべての実数　　……(答)

(6) $2x^2-x+3=0$の判別式をDとすると，$D=1-24=-23<0$

x^2 の係数は正より，解はない。　　……(答)

(7) $x^2-x-3=0$を解いて，$x=\dfrac{1\pm\sqrt{1-4\times1\times(-3)}}{2}=\dfrac{1\pm\sqrt{13}}{2}$

よって，求める解は，$x\leqq\dfrac{1-\sqrt{13}}{2}$, $\dfrac{1+\sqrt{13}}{2}\leqq x$　　……(答)

(8) 両辺を-3で割ると，$x^2+3x-2<0$

$x^2+3x-2=0$を解いて，

$x=\dfrac{-3\pm\sqrt{9-4\times1\times(-2)}}{2}=\dfrac{-3\pm\sqrt{17}}{2}$

求める解は，$\dfrac{-3-\sqrt{17}}{2}<x<\dfrac{-3+\sqrt{17}}{2}$

> x^2 の係数が負であることと，各項の係数がすべて3の倍数であることから，両辺を-3で割る。

第 2 節 ２次関数の応用問題 数学Ⅰ

2次対策演習1 ［最大・最小1］ 過去問題 ────────── 数学Ⅰ

k を実数の定数とします。関数 $f(x) = x^2 - 4kx + 3k^2 + k - 6$ の最小値を $g(k)$ とおくとき，$g(k)$ が最大となるように k の値を定めなさい。また，そのときの $g(k)$ の値を求めなさい。

POINT

定義域に制限がなく，$y = f(x)$ のグラフは下に凸の放物線であるから，平方完成し，$g(k)$ を求める。

解答

与えられた関数 $f(x)$ は2次関数で，平方完成すると次のようになる。

$$f(x) = (x - 2k)^2 - k^2 + k - 6$$

$y = f(x)$ のグラフは下に凸の放物線で，頂点の座標は $(2k,\ -k^2 + k - 6)$ であるから，最小値は $g(k) = -k^2 + k - 6$ となる。

さらに，$g(k)$ は k の2次関数なので，平方完成すると次のようになる。

$$g(k) = -\left(k - \frac{1}{2}\right)^2 - \frac{23}{4}$$

よって，$g(k)$ は，

$k = \dfrac{1}{2}$ のとき最大値 $-\dfrac{23}{4}$ をとる。……（答）

$f(x)$ の平方完成の過程

$$x^2 - 4kx + 3k^2 + k - 6$$
$$= (x^2 - 4kx) + 3k^2 + k - 6$$
$$= \{(x - 2k)^2 - 4k^2\}$$
$$\quad + 3k^2 + k - 6$$
$$= (x - 2k)^2 - k^2 + k - 6$$

$g(k)$ の平方完成の過程

$$-k^2 + k - 6$$
$$= -(k^2 - k) - 6$$
$$= -\left\{\left(k - \frac{1}{2}\right)^2 - \frac{1}{4}\right\} - 6$$
$$= -\left(k - \frac{1}{2}\right)^2 - \frac{23}{4}$$

［最大・最小**2**］ ———————————— 数学Ｉ

$a > 0$ と，2次関数 $y = x^2 - 4x + 3 \ (0 \leqq x \leqq a)$ を考えます。

(1) この2次関数の最大値と，そのときの x の値をそれぞれ求めなさい。

(2) この2次関数の最小値と，そのときの x の値をそれぞれ求めなさい。

POINT

(1) 下に凸であることから，最大値は定義域の左右の端点のうち軸から
遠い方となるので，それにより場合分けをする。その際に，軸から
の両端点との距離が等しい場合に着目する。

(2) 下に凸であることから，軸が定義域に含まれるかどうかに着目する。

解答

与えられた2次関数を平方完成すると $y = (x - 2)^2 - 1 \ (0 \leqq x \leqq a)$ となり，
グラフは下に凸で，軸は直線 $x = 2$ である。

(1) (ア) $0 < a < 4$ のとき，グラフは図1のようになるので，

$x = 0$ のとき，最大値3をとる。 ……(答)

(イ) $a = 4$ のとき，グラフは図2のようになるので，

$x = 0, 4$ のとき，最大値3をとる。 ……(答)

(ウ) $4 < a$ のとき，グラフは図3のようになるので，

$x = a$ のとき，最大値 $a^2 - 4a + 3$ をとる。 ……(答)

(2) (エ) $0 < a < 2$ のとき，グラフは図4のようになるので，

$x = a$ のとき，最小値 $a^2 - 4a + 3$ をとる。

(オ) $2 \leqq a$ のとき，グラフは図5のようになるので，

$x = 2$ のとき，最小値 -1 をとる。 ……(答)

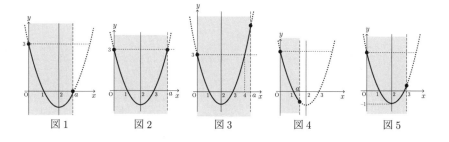

図1　　　図2　　　図3　　　図4　　　図5

2次対策演習3 ［最大・最小3］ ──────────── 数学Ⅰ

a を定数とし，2次関数 $y = -x^2 + 2ax + 1$ $(0 \leqq x \leqq 2)$ を考えます。

(1) この2次関数の最大値と，そのときの x の値をそれぞれ求めなさい。

(2) この2次関数の最小値と，そのときの x の値をそれぞれ求めなさい。

POINT

上に凸であることに注意しながら，「2次対策演習2」と同様に考える。

解答

　与えられた2次関数を平方完成すると $y = -(x-a)^2 + a^2 + 1$ $(0 \leqq x \leqq 2)$ となり，グラフは上に凸で，軸は直線 $x = a$ である。

(1) (ア)　$a \leqq 0$ のとき，グラフは図1のようになるので，

$\quad$ $x = 0$ のとき，最大値1をとる。　　　　　　　　　……(答)

$\quad$ (イ)　$0 < a < 2$ のとき，グラフは図2のようになるので，

$\quad$ $x = a$ のとき，最大値 $a^2 + 1$ をとる。　　　　　　……(答)

$\quad$ (ウ)　$2 \leqq a$ のとき，グラフは図3のようになるので，

$\quad$ $x = 2$ のとき，最大値 $4a - 3$ をとる。　　　　　　……(答)

(2) (エ)　$a < 1$ のとき，グラフは図4のようになるので，

$\quad$ $x = 2$ のとき，最小値 $4a - 3$ をとる。　　　　　　……(答)

$\quad$ (オ)　$a = 1$ のとき，グラフは図5のようになるので，

$\quad$ $x = 0, 2$ のとき，最小値1をとる。　　　　　　　　……(答)

$\quad$ (カ)　$1 < a$ のとき，グラフは図6のようになるので，

$\quad$ $x = 0$ のとき，最小値1をとる。　　　　　　　　　……(答)

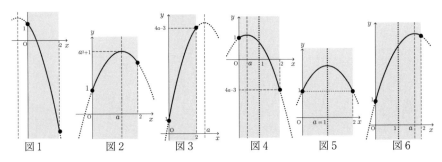

図1　　　　図2　　　　図3　　　　図4　　　　図5　　　　図6

［最大・最小 4］

a を定数とし，2次関数 $y=x^2-4x+5$ $(a\leqq x\leqq a+2)$ を考えます。

(1)　この2次関数の最大値と，そのときの x の値をそれぞれ求めなさい。

(2)　この2次関数の最小値と，そのときの x の値をそれぞれ求めなさい。

POINT

「2次対策演習2」と同様に考える。

解答

　与えられた2次関数を平方完成すると $y=(x-2)^2+1$ $(a\leqq x\leqq a+2)$ となり，グラフは下に凸で，軸は直線 $x=2$ である。

(1)　(ア)　$a<1$ のとき，グラフは図1のようになるので，
　　　　　$x=a$ のとき，最大値 a^2-4a+5 をとる。　　　……(答)

　　　(イ)　$a=1$ のとき，グラフは図2のようになるので，
　　　　　$x=1, 3$ のとき，最大値2をとる。　　　……(答)

　　　(ウ)　$1<a$ のとき，グラフは図3のようになるので，
　　　　　$x=a+2$ のとき，最大値 a^2+1 をとる。　　　……(答)

(2)　(エ)　$a+2<2$ すなわち $a<0$ のとき，グラフは図4のようになるので，
　　　　　$x=a+2$ のとき，最小値 a^2+1 をとる。　　　……(答)

　　　(オ)　$a\leqq 2\leqq a+2$ すなわち $0\leqq a\leqq 2$ のとき，グラフは図5のようになり，
　　　　　$x=2$ のとき，最小値1をとる。　　　……(答)

　　　(カ)　$2<a$ のとき，グラフは図6のようになるので，
　　　　　$x=a$ のとき，最小値 a^2-4a+5 をとる。　　　……(答)

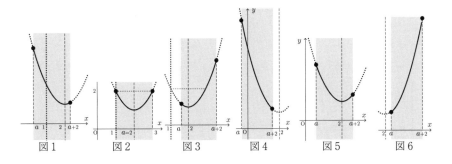

図1　　　　　図2　　　　　図3　　　　　図4　　　　　図5　　　　　図6

［実数解の個数］ ━━━━━━━━━━━ 数学Ⅰ

m を実数の定数とします。x についての方程式 $(m-1)x^2+(2m-1)x-1=0$ の異なる実数解の個数を求めなさい。

POINT

> x についての方程式 $ax^2+bx+c=0$ は，必ずしも2次方程式とは限らない。

解答 ━━━━━━━━━━━━━━━━━━━━━━━━━━━━━━

(ア) $m-1=0$ すなわち $m=1$ のとき

与えられた方程式は1次方程式 $x-1=0$ となる。したがって実数解 $x=1$ を1個もつ。

(イ) $m-1\neq 0$ すなわち $m\neq 1$ のとき

与えられた方程式は2次方程式となる。

判別式を D とすると

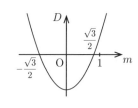

$$D=(2m-1)^2-4\times(m-1)\times(-1)$$
$$=4m^2-4m+1+4m-4$$
$$=4m^2-3=4\left(m+\frac{\sqrt{3}}{2}\right)\left(m-\frac{\sqrt{3}}{2}\right)$$

ここで，右上の図より実数解の個数は

$m<-\dfrac{\sqrt{3}}{2}$，$\dfrac{\sqrt{3}}{2}<m<1$，$1<m$ のとき，$D>0$ であるから2個

$m=\pm\dfrac{\sqrt{3}}{2}$ のとき，$D=0$ であるから1個

$-\dfrac{\sqrt{3}}{2}<m<\dfrac{\sqrt{3}}{2}$ のとき，$D<0$ であるから0個

したがって，(ア), (イ)より

$$\begin{cases} m<-\dfrac{\sqrt{3}}{2}，\dfrac{\sqrt{3}}{2}<m<1，1<m \text{ のとき，実数解の個数は2個} \\ m=\pm\dfrac{\sqrt{3}}{2}，1 \text{ のとき，実数解の個数は1個} \\ -\dfrac{\sqrt{3}}{2}<m<\dfrac{\sqrt{3}}{2} \text{ のとき，実数解の個数は0個} \end{cases}$$

…(答)

［解の存在範囲1］ ━━━━━━ 数学Ⅰ

m を実数の定数とします。x についての2次方程式 $x^2-2mx+3m+4=0$ が異なる2つの正の解をもつように，m の値の範囲を定めなさい。

POINT

方程式の実数解は，関数のグラフと x 軸との共有点の x 座標であることを利用し，関数のグラフと x 軸との関係に読み替え，次の3点に着目する。
①頂点の y 座標の符号（判別式） ②軸の位置
③定義域の端点の y 座標の符号

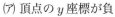

$f(x)=x^2-2mx+3m+4$ とおく。

$f(x)=x^2-2mx+3m+4=(x-m)^2-m^2+3m+4$ より，$y=f(x)$ のグラフは，下に凸の放物線で，軸が直線 $x=m$，頂点が点 $(m,\ -m^2+3m+4)$ である。

$f(x)=0$ が異なる2つの正の解をもつのは，$y=f(x)$ のグラフが右図のようになるときである。よって，求める条件は

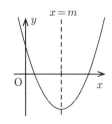

(ア) 頂点の y 座標が負
$-m^2+3m+4<0$ より $(m+1)(m-4)>0$
ゆえに $m<-1,\ 4<m$ ……①

(イ) 軸が正 $m>0$ ……②

(ウ) $f(0)>0$ $f(0)=3m+4>0$ ゆえに $m>-\dfrac{4}{3}$ ……③

したがって，①，②，③より
$4<m$ ……(答)

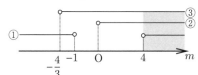

一言コメント

2次方程式の判別式と，解と係数の関係(数学Ⅱ)を利用して解くこともできる。次々ページの別解を参照。

解と係数の関係

2次方程式 $ax^2+bx+c=0\ (a\neq0)$ の2つの解を $\alpha,\ \beta$ とするとき，
$$\alpha+\beta=-\frac{b}{a},\qquad \alpha\beta=\frac{c}{a}$$

［解の存在範囲2］　━━━━━━━━━ 数学Ⅰ

2次関数 $y = -x^2 + 4kx - 8k + 3$ のグラフが，x軸の1より大きい部分と異なる2点で交わるように定数 k の値を定めなさい。

POINT

「2次対策演習6」と同様に，三つの点に着目して考える。

解答 ━━━━━━━━━━━━━━━━━━━━━━━━━━━━━

$f(x) = -x^2 + 4kx - 8k + 3$ とおく。

$f(x) = -x^2 + 4kx - 8k + 3 = -(x - 2k)^2 + 4k^2 - 8k + 3$ より，$y = f(x)$ のグラフは，上に凸の放物線で，軸が直線 $x = 2k$，頂点が点 $(2k,\ 4k^2 - 8k + 3)$ である。

$y = f(x)$ のグラフが x 軸の1より大きい部分と異なる2点で交わるのは，下図のようになるときである。よって，求める条件は

(ア)　頂点の y 座標が正

　　$4k^2 - 8k + 3 > 0$ より　$(2k - 1)(2k - 3) > 0$

　　ゆえに　$k < \dfrac{1}{2},\ \dfrac{3}{2} < k$　……①

(イ)　軸が直線 $x = 1$ より右側

　　$2k > 1$　より　$k > \dfrac{1}{2}$　……②

(ウ)　$f(1) < 0$

　　$f(1) = -1 + 4k - 8k + 3 = -4k + 2 < 0$

　　ゆえに　$k > \dfrac{1}{2}$　……③

　したがって，①，②，③より

　　$\dfrac{3}{2} < k$　　　　　　　……(答)

※ 次ページに別解を示す。

2次対策演習6　　[解の存在範囲1]　　　　　　　　　　　　数学II

　2次方程式 $x^2 - 2mx + 3m + 4 = 0 \cdots$ ①の判別式を D とすると，異なる2つの解をもつことより，$D > 0$ である。

$$\frac{D}{4} = m^2 - (3m + 4) = (m + 1)(m - 4) > 0 \quad \text{ゆえに} \quad m < -1, \ 4 < m \ \cdots ②$$

また，①の2つの解を α，β とすると，解と係数の関係より

$$\alpha + \beta = 2m, \qquad \alpha\beta = 3m + 4$$

α，β がともに正であるから，$\alpha + \beta > 0$，$\alpha\beta > 0$

$\alpha + \beta = 2m > 0$ より　$m > 0$　……③

$\alpha\beta = 3m + 4 > 0$　より　$m > -\dfrac{4}{3}$　……④

したがって，②，③，④より　$4 < m$　　　　　　　　　　　　……(答)

2次対策演習7　　[解の存在範囲2]　　　　　　　　　　　　数学II

$$f(x) = -x^2 + 4kx - 8k + 3 \text{ とおく。}$$

2次関数 $y = f(x)$ のグラフが，x 軸の1より大きい部分と異なる2点で交わる
$\iff$ 2次方程式 $f(x) = 0$ が，異なる2つの解がともに1より大きい

　$f(x) = 0$ の判別式を D とすると，異なる2つの解をもつことより，$D > 0$ である。

$$\frac{D}{4} = 4k^2 - (-1) \cdot (-8k + 3) = (2k - 1)(2k - 3) > 0$$

ゆえに　$k < \dfrac{1}{2}$，$\dfrac{3}{2} < k$　……①

$f(x) = 0$ の2つの解を α，β とすると，解と係数の関係より

$$\alpha + \beta = 4k, \qquad \alpha\beta = 8k - 3$$

α，β がともに1より大きいから，$\alpha > 1, \beta > 1$ ゆえに $\alpha - 1 > 0, \beta - 1 > 0$
ゆえに　$(\alpha - 1) + (\beta - 1) > 0$，$(\alpha - 1)(\beta - 1) > 0$

$(\alpha - 1) + (\beta - 1) = (\alpha + \beta) - 2 = 4k - 2 > 0$ より　$k > \dfrac{1}{2}$　……②

$(\alpha - 1)(\beta - 1) = \alpha\beta - (\alpha + \beta) + 1 = 4k - 2 > 0$ より　$k > \dfrac{1}{2}$　……③

したがって，①，②，③より　$\dfrac{3}{2} < k$　　　　　　　　　　　　……(答)

第3章
整数の性質

第 1 節 倍数と約数・不定方程式 数学 A

基本事項の解説

素因数分解

2つの整数 a, b に対し、　　$a = bc$
となる整数 c が存在するとき、b を a の約数、a を b の倍数という。

1とその数以外に約数がない正の整数を素数、素数でない正の整数を合成数という。ただし、1は素数でも合成数でもない。約数のことを因数ともいい、因数が素数であるとき、これを素因数という。すべての合成数は素数の積で表すことができる。

正の整数を素数の積で表すことを素因数分解という。その表し方は積の順序の違いを除いて1通りであり、これを素因数分解の一意性という。

整数の問題を考えるときにまず重要なのは、素因数分解である。

余りによる分類

割り算の余りに着目して、整数の性質について考えてみる。

例えば、89を5で割ると、商は17、余りは4である。

$$89 = 5 \cdot 17 + 4$$

一般に

a を整数、b を正の整数とし、a を b で割ったときの商を q、余りを r とすると

$$a = bq + r \quad (0 \leqq r < b)$$

整数をある整数で割ったときの余りごとにグループ分けして考える場合に便利なのが**合同式**である。

> 2つの整数 a, b に対し，$a-b$ が正の整数 m で割り切れるとき，a と b は m を法として**合同**であるといい，
>
> $$a \equiv b \pmod{m}$$
>
> と表す。

整数 a, b, c, d と正の整数 m について，次のことが成り立つ。

$$a \equiv b \pmod{m}, \ b \equiv c \pmod{m} \ \Rightarrow \ a \equiv c \pmod{m}$$

$a \equiv b \pmod{m}, \ c \equiv d \pmod{m}$ のとき，次のことが成り立つ。

$$a + c \equiv b + d \pmod{m}, \qquad a - c \equiv b - d \pmod{m},$$

$$ac \equiv bd \pmod{m}, \qquad a^n \equiv b^n \pmod{m} \quad (n \text{ は正の整数})$$

不定方程式

方程式のうち，解が1つに定まらない方程式を**不定方程式**という。

a, b, c を整数とするとき，x, y についての方程式

$$ax + by = c$$

を**2元1次不定方程式**という。また，2元1次不定方程式を満たす整数 x, y の組を，その2元1次不定方程式の**整数解**という。

2つの整数の最大公約数と最小公倍数

整数 A, B の**最大公約数**を G とするとき

$$A = GA', \qquad B = GB' \qquad (A', B' \text{ は互いに素な整数})$$

とおける。このとき A, B の**最小公倍数** L は

$$L = GA'B'$$

であるから

$$AB = (GA') \cdot (GB') = G(GA'B') = GL$$

よって，　$AB = GL$　が成り立つ。

[最大公約数・最小公倍数]　━━━━━━━━ 数学A

次の2数の最大公約数と最小公倍数を求めなさい。

(1)　180 と 378　　　　　　　(2)　437 と 1863

解答 ━━━━━━━━━━━━━━━━━━━━━━━━━━━━━━

(1)　2つの数を素因数分解すると，$180 = 2^2 \cdot 3^2 \cdot 5$，　$378 = 2 \cdot 3^3 \cdot 7$

最大公約数は，$2 \cdot 3^2 = 18$，　　　最小公倍数は，$2^2 \cdot 3^3 \cdot 5 \cdot 7 = 3780$　　…(答)

(2)　$1863 = 437 \times 4 + 115$

　　　$437 = 115 \times 3 + 92$

　　　$115 = 92 \times 1 + 23$

　　　$92 = 23 \times 4 + 0$

ユークリッドの互除法より

最大公約数は 23　……(答)

　　$437 = 23 \times 19$，　　$1863 = 23 \times 81$

最小公倍数は　$23 \times 19 \times 81 = 35397$　……(答)

> **ユークリッドの互除法**
>
> $$23\overline{)92} \quad 92\overline{)115} \quad 115\overline{)437} \quad 437\overline{)1863}$$
>
> $a = bq + r$ のとき
>
> 　　(a と b の最大公約数)
>
> 　$= (b$ と r の最大公約数)

　　[数の決定]　━━━━━━━━━ 数学A

(1)　$\sqrt{540n}$ が整数となるような正の整数 n のうち，最小のものを求めなさい。

(2)　2つの自然数 A, B（$A < B$）があり，$AB = 1944$，A と B の最小公倍数は 108 である。このような A, B の組をすべて求めなさい。

解答 ━━━━━━━━━━━━━━━━━━━━━━━━━━━━━━

(1)　540 を素因数分解すると　$540 = 2^2 \cdot 3^3 \cdot 5$　となるから

$$\sqrt{540n} = \sqrt{2^2 \cdot 3^3 \cdot 5 \cdot n} = 2 \cdot 3\sqrt{3 \cdot 5 \cdot n}$$

よって条件を満たす最小の正の整数 n は，　$n = 3 \cdot 5 = 15$　　……(答)

(2)　A, B の最大公約数を G，最小公倍数を L とすると

$AB = GL$ より　$1944 = 108G$　　　よって　$G = 18$

$A = 18a$，$B = 18b$（a, b は互いに素な正の整数で，$a < b$）とおくと

$108 = 18ab$　　　よって　$ab = 6$

a, b は互いに素で $a < b$ であるから，　$a = 1, b = 6$ または $a = 2, b = 3$

したがって　$(A, B) = (18, 108), (36, 54)$　　　　　　……(答)

1次対策演習3 ［**2元1次不定方程式**］ ────── 数学A

方程式 $2x + 3y = 18$ を満たす自然数 x, y の組をすべて求めなさい。

 解答 ──────────────────────

$2x + 3y = 18$ から $2x = 3(6 - y)$ ……①

$x > 0$ であるから $6 - y > 0$ つまり $y < 6$

①において $2x$ は偶数だから $3(6 - y)$ も偶
数。よって、$6 - y$ は2倍数である。

y は自然数で $y < 6$ だから、 $y = 2, 4$

よって $(x, y) = (6, 2), (3, 4)$ ……(答)

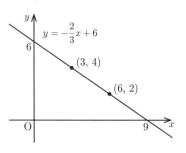

 1次対策演習4 ［**因数分解による方程式の解法**］ ────── 数学A

次の方程式をみたす整数 x, y の組をすべて求めなさい。

$$xy - 2x - 3y + 3 = 0$$

 解答 ──────────────────────

$xy - 2x - 3y + 3 = 0$ について

$(x - 3)y - 2x + 3 = 0$

$(x - 3)y - 2(x - 3) - 3 = 0$

$(x - 3)(y - 2) = 3$

$x - 3$	$y - 2$	x	y
1	3	4	5
3	1	6	3
-1	-3	2	-1
-3	-1	0	1

x, y はともに整数だから、
$x - 3, y - 2$ もともに整数。
よって右表から

$(x - 3, y - 2) = (1, 3), (3, 1), (-1, -3), (-3, -1)$

ゆえに $(x, y) = (4, 5), (6, 3), (2, -1), (0, 1)$ ……(答)

┌─────────┐
│ 一言コメント │
└─────────┘

問題文が「自然数 x, y の組」となっていたら答えは $(x, y) = (4, 5), (6, 3)$ の
みとなる。x, y の条件に注意しよう。

1次対策演習5 　**[2元1次不定方程式]** ──────────── 数学A

　　方程式 $5x+6y=1$ について

　　(1) 整数解の1つを求めなさい。　　　(2) 整数解をすべて求めなさい。

解答 ─────────────────────────────

(1)　例）$(x,y)=(-1,1)$ はこの方程式の解である。

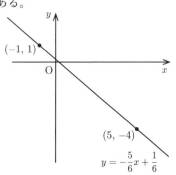

$y=-\dfrac{5}{6}x+\dfrac{1}{6}$

(2)　　　　$5x+6y=1$

　　　　　$5(-1)+6\cdot 1=1$

辺々引き算をすると

　　　　　$5(x+1)+6(y-1)=0$

これより

　　　　　$5(x+1)=-6(y-1)$

　　　　　$5(x+1)=6(-y+1)$

5と6は互いに素であるから，$x+1$ は6の倍数，

$-y+1$ は5の倍数でなければならない。よって

　　　　　$x+1=6k$　　（k は整数）

とおくことができる。このとき

　　　　　$5(6k)=6(-y+1)$

　　　　　$5k=-y+1$

よって，$y=-5k+1$

ゆえに　　$(x,y)=(6k-1,\ -5k+1)$　　　（k は整数）　　　……(答)

一言コメント ───────────────────────────

まず最初に，解を1つ見つけることが大切。この解を特殊解という。

$(-1,1)$ 以外に $(5,-4)$ などがあり，答えは複数考えられる。

前ページの1次対策演習3では，x,y は自然数（正の整数）であった。

しかし，この問題では「正の」というような範囲を限定する条件がないので，

整数解の組は無数に存在する。

よって (2) の解も (1) の値によって複数の表現がある。

2次対策演習 1 ［合同式 1］ ─────── 数学 A

2026^{100} を 3 で割った余りと，7 で割った余りを求めなさい。

POINT

> 余りを求めるときには，合同式の利用が有効である。

解答

2026 $= 3 \cdot 675 + 1$ だから 2026 $\equiv 1 \pmod{3}$, 2026$^{100} \equiv 1^{100} \equiv 1 \pmod{3}$

よって，3 で割った余りは 1 である。 ……(答)

また，2026 $= 7 \cdot 289 + 3$ だから

2026$^{100} \equiv 3^{100} \equiv 3^{3 \cdot 33 + 1} \equiv 27^{33} \cdot 3 \equiv (-1)^{33} \cdot 3 \equiv -3 \equiv 4 \pmod{7}$

よって，7 で割った余りは 4 である。 ……(答)

一言コメント

式を変形する過程で 3$^{3 \cdot 33 + 1} \equiv 27^{33} \cdot 3 \equiv (-1)^{33} \cdot 3 \pmod{7}$

のように，7 で割った余りが 1 に近い数になるような工夫をするとよい。

2次対策演習 2 ［合同式 2］ ─────── 数学 A

n が自然数のとき，$2^{2n+3} + 3^{2n-1}$ は 5 の倍数であることを示しなさい。

POINT

> 計算問題だけではなく，証明問題でも合同式を利用することができる。

解答

$2^{2n+3} + 3^{2n-1} = 2^{2(n-1)+5} + 3^{2(n-1)+1}$

$= 32 \cdot 4^{n-1} + 3 \cdot 9^{n-1} \equiv 32 \cdot 4^{n-1} + 3 \cdot 4^{n-1} \pmod{5}$

$\equiv 35 \cdot 4^{n-1} \equiv 5 \cdot 7 \cdot 4^{n-1} \equiv 0 \pmod{5}$

> ヒント：$4 \equiv 9 \pmod 5$ を利用して解答を作成している。
> $3 \cdot 9^{n-1} \equiv 3 \cdot 4^{n-1} \pmod 5$ の式変形によって項をまとめることができる。

よって $2^{2n+3} + 3^{2n-1}$ を 5 で割ると余りが 0 である。

すなわち，すべての自然数 n について $2^{2n+3} + 3^{2n-1}$ は 5 の倍数である。

一言コメント

この問題は数学的帰納法の証明問題として，数学検定で過去に出題された問題である（176 ページ掲載）。証明方法が指定されていなければ，合同式を利用してこのように記述することができる。

2次対策演習3 　[素数] ───────────────── 数学A

n は2以上の自然数とする。n^4+4 は素数でないことを示しなさい。

POINT

n^4+4 が因数分解できることに気付けるかどうかがポイントとなる。

解答 ───────────────────────

$$n^4+4 = (n^4+4n^2+4) - 4n^2 = (n^2+2)^2 - (2n)^2$$
$$= (n^2+2n+2)(n^2-2n+2) \quad \text{と因数分解できる。}$$

ここで n は2以上の自然数だから　$n^2+2n+2 = (n+1)^2+1 \geqq 3^2+1 = 10$
$$n^2-2n+2 = (n-1)^2+1 \geqq 1^2+1 = 2$$

よって n^4+4 は2以上の2つの自然数の積で表され，素数でない。

 2次対策演習4 　**[3元1次不定方程式]** ───────── 数学A

方程式 $4x+2y+z=11$ を満たす自然数 x,y,z の組をすべて求めよ。

POINT

$x \geqq 1$，$y \geqq 1$，$z \geqq 1$ の条件を使って，範囲を絞る。
$y \geqq 1$，$z \geqq 1$ より，x のとり得る値は1，2のみ。

解答 ───────────────────────

$y \geqq 1$，$z \geqq 1$ より $-2y \leqq -2$，$-z \leqq -1$ で，$4x = 11-2y-z \leqq 11-2-1 = 8$
x は自然数だから　$x = 1, 2$

[1]　$x=2$ のとき $2y+z=3$　これを満たす自然数 (y,z) は，$(y,z)=(1,1)$

[2]　$x=1$ のとき $2y+z=7$　y, z は自然数だから
　　$y=1$ のとき $z=5$，　$y=2$ のとき $z=3$，　$y=3$ のとき $z=1$
　　よって　$(y,z) = (1,5), (2,3), (3,1)$

以上，[1][2] から　$(x,y,z) = (1,1,5), (1,2,3), (1,3,1), (2,1,1)$　……(答)

一言コメント ───────────────────

係数が最大の x の項以外を右辺に移項し，$y \geqq 1$，$z \geqq 1$ から x の値を絞り込む。
このような問題では，係数最大の項のとり得る値をまず考えよう。

2次対策演習5 ［不定方程式］ 過去問題 ──────── 数学A

不定方程式 $\dfrac{1}{x} + \dfrac{1}{y} = \dfrac{1}{101}$ （ただし，$xy \neq 0$）について，次の問いに答えなさい。

(1) $xy - 101x - 101y + 10201$ を因数分解しなさい。この問題は解法の過程を記述せずに，答えだけを書いてください。

(2) 上の不定方程式の整数解 (x, y) のうち，$x \leqq y$ を満たすものをすべて求めなさい。

POINT

(1) $10201 = 101^2$ に着目して，因数分解しよう。

(2) 与えられた不定方程式の分母を払うと (1) が利用できる。

 解答

(1) $(x - 101)(y - 101)$

(2) $\dfrac{1}{x} + \dfrac{1}{y} = \dfrac{1}{101}$ の両辺に $101xy$ をかけると

$$101x + 101y = xy$$

$$xy - 101x - 101y = 0$$

両辺に 101^2 を加えると

$$xy - 101x - 101y + 101^2 = 101^2$$

(1) の結果から

$$(x - 101)(y - 101) = 101^2$$

x, y は整数だから $x - 101, y - 101$ も整数である。101 は素数で $x \leqq y$ より

$$(x - 101,\ y - 101) = (-10201, -1),\ (-101, -101),\ (1, 10201),\ (101, 101)$$

よって $(x, y) = (-10100, 100),\ (0, 0),\ (102, 10302),\ (202, 202)$

$xy \neq 0$ より $(x, y) = (-10100, 100),\ (102, 10302),\ (202, 202)$

一言コメント

(1) $10201 = 101^2$ だから

$$xy - 101x - 101y + 10201 = x(y - 101) - 101(y - 101) = (x - 101)(y - 101)$$

2次対策演習6　［**2元1次不定方程式**］　━━━━━━ 数学A

1斗桶にある1斗（10升）の油を，7升のますと3升のますを使って5升ずつに分けるにはどうしたらよいでしょうか。ただし，油の量が曖昧になるようなくみ方や移し方はできないとします。この問題は1斗桶をA，7升ますをB，3升ますをCとして，操作回数を横にとった下記の表を，油の量の推移の過程が分かるように数値を入れて完成させて下さい。なお5升ずつに組み分けることができた時点で，表の残りのマスは空欄としておきなさい。

	始め	1	2	3	4	5	6	7	8	9	10	11
A	10											
B	0											
C	0											

POINT

この問題は，1次不定方程式の解を探していることと同じことになる。

解答

例1)

	始め	1	2	3	4	5	6	7	8	9	10	11
A	10	3	3	6	6	9	9	2	2	5		
B	0	7	4	4	1	1	0	7	5	5		
C	0	0	3	0	3	0	1	1	3	0		

例2)

	始め	1	2	3	4	5	6	7	8	9	10	11
A	10	7	7	4	4	1	1	8	8	5	5	
B	0	0	3	3	6	6	7	0	2	2	5	
C	0	3	0	3	0	3	2	2	0	3	0	

一言コメント

吉田光由 (1598〜1672) の『塵劫記』に書かれている「油分け算」という問題である。$7x+3y=5$ を満たす整数 (x,y) の特殊解を探す問題と同様であり，特殊解の $(x,y)=(2,-3)$ は，7升ますで2回，3升ますで−3回，$(x,y)=(-1,4)$ は，7升ますで−1回，3升ますで4回くみ出したことを表している。

なお，1斗＝10升，1升＝10合 で，1斗＝18L，1升＝1.8L，1合＝180mL である．

第 2 節 記数法 数学 A

基本事項の解説

わたしたちは，1 が 10 個集まって 10，10 が 10 個集まって 100，… というように 10 ずつの集まりを考えて数を表している。このように数を表す方法を **10 進法**という。これに対して，2 ずつの集まりを考えて数を表す方法を **2 進法**という。

例えば 10 進法で 243 は

$$243 = 2 \cdot 10^2 + 4 \cdot 10^1 + 3$$

2 進法で 10101 は

$$10101 = 1 \cdot 2^4 + 0 \cdot 2^3 + 1 \cdot 2^2 + 0 \cdot 2^1 + 1$$

と表すことができる。

2 進法で表された 10101 を $10101_{(2)}$ と表すこととする。

一般に，n を 1 より大きい整数とするとき，n ずつで位が 1 つ繰り上がるように数を表す方法を，n **進法**という。

---

1 次対策演習 6 　[**3 進法**] ──────────── 数学 A

3 進法で表された数 $12101_{(3)}$ と 5 進法で表された $1402_{(5)}$ をそれぞれ 10 進法で表し，2 数の大小を比較しなさい。

$$12101_{(3)} = 1 \cdot 3^4 + 2 \cdot 3^3 + 1 \cdot 3^2 + 0 \cdot 3^1 + 1 = 81 + 2 \cdot 27 + 9 + 0 + 1 = 145$$

$$1402_{(5)} = 1 \cdot 5^3 + 4 \cdot 5^2 + 0 \cdot 5 + 2 = 125 + 100 + 2 = 227$$

よって　$12101_{(3)} < 1402_{(5)}$ 　　　　　　　　　　　　　　……(答)

---

1 次対策演習 7 　[**2 進法**] ──────────── 数学 A

2 進法で表された数 $0.101_{(2)}$ を 10 進法で表しなさい。

$$0.101_{(2)} = 1 \cdot 2^{-1} + 0 \cdot 2^{-2} + 1 \cdot 2^{-3} = 1 \cdot \frac{1}{2} + 0 \cdot \frac{1}{4} + 1 \cdot \frac{1}{8} = \frac{5}{8} = 0.625 \cdots (答)$$

1次対策演習8　　[n進法] ────────────── 数学 A

　10進法で表された数79について
　(1)　2進法で表しなさい。　　　　　　(2)　5進法で表しなさい。

解答

(1)　2)79　　余り
　　 2)39 ··· 1
　　 2)19 ··· 1
　　 2) 9 ··· 1
　　 2) 4 ··· 1
　　 2) 2 ··· 0
　　 2) 1 ··· 0
　　　 0 ··· 1

　　　　　　よって

　　　　　　$1001111_{(2)}$ ······(答)

(2)　5)79
　　 5)15 ··· 4
　　 5) 3 ··· 0
　　　 0 ··· 3

　　　　よって
　　　　$304_{(5)}$　······(答)

1次対策演習9　　[2進法] ────────────── 数学 A

　2進法で表すと10桁となるような自然数 N は何個あるか求めなさい。

解答

　N を2進法で表すと10桁の自然数になるから　　　$2^{10-1} \leqq N < 2^{10}$
つまり　　$2^9 \leqq N < 2^{10}$
　この不等式を満たす自然数 N の個数は　　　$2^{10} - 2^9 = (2-1) \cdot 2^9 = 512$
　よって　512個
　　　　　　　　　　　　　　　　　　　　　　　　　　　　　　······(答)

別解

　2進法で表すと10桁になる数は,
　　　　　$1 \square\square\square\square\square\square\square\square\square_{(2)}$
の□に0または1を入れた数であるから,
場合の数を考えて　$2^9 = 512$
　よって　512個
　　　　　　　　　　　　　　　　　　　　　　　　　　　　　　······(答)

2次対策演習 7　　[記数法]

つぎの 5 枚のカードは，ある規則で数字が並んでいます。㋐㋑㋒のところには数字が入っていますが，汚れで見られなくなっています。㋐㋑㋒に入る数字を答えなさい。その上で，A,B,E のカードに含まれ，それ以外のカードには含まれない数 X を答えなさい。

この問題は解法の過程を記述せずに，答えだけを書いてください。

A
1　3　5　7
9　11　13　15
17　19　21　23
25　27　29　31

B
2　3　6　7
10　11　14　15
㋐　㋑　22　23
26　27　30　31

C
4　5　6　7
12　13　14　15
㋒　21　22　23
28　29　30　31

D
8　9　10　11
12　13　14　15
24　25　26　27
28　29　30　31

E
16　17　18　19
20　21　22　23
24　25　26　27
28　29　30　31

POINT

1 から 31 までの数のすべてを 2 進法で表現してみよう。

解答

　㋐ 18,　　㋑ 19,　　㋒ 20,　　$X = 19$

一言コメント

右のように 10 進数の数を 2 進数に書き換えると

A のカード・・・2 進数で右から 1 桁目の数字が 1 のもの

B のカード・・・2 進数で右から 2 桁目の数字が 1 のもの

C のカード・・・2 進数で右から 3 桁目の数字が 1 のもの

D のカード・・・2 進数で右から 4 桁目の数字が 1 のもの

E のカード・・・2 進数で右から 5 桁目の数字が 1 のもの

であることが分かる。

各カードの左上隅の数は，2 進数で表すと

　　A: $1 = 1_{(2)}$,　　B: $2 = 10_{(2)}$,　　C: $4 = 100_{(2)}$

　　D: $8 = 1000_{(2)}$,　　E: $16 = 10000_{(2)}$

10進法	2進法	10進法	2進法
1	1	16	10000
2	10	17	10001
3	11	18	10010
4	100	19	10011
5	101	20	10100
6	110	21	10101
7	111	22	10110
8	1000	23	10111
9	1001	24	11000
10	1010	25	11001
11	1011	26	11010
12	1100	27	11011
13	1101	28	11100
14	1110	29	11101
15	1111	30	11110
		31	11111

となっている。

A,B,E のカードに含まれ，それ以外のカードには含まれない数 X は左隅のカードの数をたすと得られる。

$$X = 1_{(2)} + 10_{(2)} + 10000_{(2)} = 10011_{(2)} = 1 + 2 + 16 = 19$$

第 **4** 章
図形と方程式

第 1 節 点と座標

基本事項の解説

　座標平面上の点 P の位置は，図のように x 軸と y 軸を用いて，2 つの実数の組 (a,b) で表すことができる。この組 (a,b) を点 P の**座標**という。

　また，座標平面は x 軸と y 軸によって，4 つの部分に分けられる。右上の部分から反時計回りに**第 1 象限**，**第 2 象限**，**第 3 象限**，**第 4 象限**とよぶ。

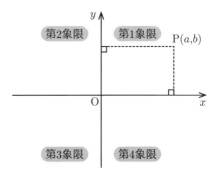

---

2 点間の距離

座標平面上の 2 点 $A(a_1, a_2)$，$B(b_1, b_2)$ 間の距離 AB は

$$AB = \sqrt{(b_1 - a_1)^2 + (b_2 - a_2)^2}$$

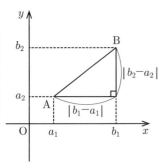

内分点・外分点の座標

2 点 $A(a_1, a_2)$, $B(b_1, b_2)$ を両端とする線分 AB を $m:n$ に内分する点 P の座標は

$$\left(\frac{na_1+mb_1}{m+n}, \frac{na_2+mb_2}{m+n} \right)$$

線分 AB を $m:n(m \neq n)$ に外分する点 Q の座標は

$$\left(\frac{-na_1+mb_1}{m-n}, \frac{-na_2+mb_2}{m-n} \right)$$

内分点の座標における n を $-n$ におきかえたものが外分点の座標になっている。

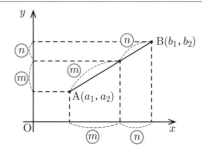

内分点の公式において $m = n = 1$ を代入すると中点の座標の公式が得られる。

三角形の重心の座標

点 $A(a_1, a_2)$, $B(b_1, b_2)$, $C(c_1, c_2)$ を頂点とする △ABC の重心 G の座標は

$$\left(\frac{a_1+b_1+c_1}{3}, \frac{a_2+b_2+c_2}{3} \right)$$

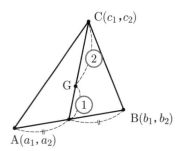

この式は，それぞれの座標を 3 つたして 3 で割るので 3 つの平均になっている。

[1次対策演習1]　[内分点・外分点]　過去問題 ──────── 数学Ⅱ

座標平面上に 2 点 A$(-1, 2)$，B$(4, -3)$ があります。これについて，次の問いに答えなさい。

(1) 線分 AB を 3:2 に内分する点の座標を求めなさい。

(2) 線分 AB を 3:2 に外分する点の座標を求めなさい。

解答

(1) x 座標は $\dfrac{2\cdot(-1)+3\cdot 4}{3+2}=2$，　y 座標は $\dfrac{2\cdot 2+3\cdot(-3)}{3+2}=-1$

よって $(2, -1)$　　　　　　　　　　　　　　　……(答)

(2) x 座標は $\dfrac{-2\cdot(-1)+3\cdot 4}{3-2}=14$，　y 座標は $\dfrac{-2\cdot 2+3\cdot(-3)}{3-2}=-13$

よって $(14, -13)$　　　　　　　　　　　　　……(答)

一言コメント

線分 AB を 3:2 に内分する点と，線分 BA を 3:2 に内分する点は異なる。同様に，線分 AB を 3:2 に外分する点と，線分 BA を 3:2 に外分する点は異なる。
例えば，線分 BA を 3:2 に内分する点 P の座標を求めると。

x 座標は $\dfrac{2\cdot 4+3\cdot(-1)}{3+2}=1$，　y 座標は $\dfrac{2\cdot(-3)+3\cdot 2}{3+2}=0$　よって P$(1, 0)$

[1次対策演習2]　[重心] ──────────── 数学Ⅱ

座標平面上に点 A$(1, 1)$, B$(13, 4)$, C$(10, 7)$ がある。

△ABC の重心 G の座標を求めなさい。

解答

x 座標は $\dfrac{1+13+10}{3}=8$，　y 座標は $\dfrac{1+4+7}{3}=4$　　よって G$(8, 4)$　…(答)

一言コメント

辺 AB の中点を M とし，中線 CM を 2:1 に内分する点が重心 G である。
上の公式を用いず，この考え方で重心 G の座標を求めると次のようになる。

点 M の x 座標は $\dfrac{1+13}{2}=7$，　y 座標は $\dfrac{1+4}{2}=\dfrac{5}{2}$　　よって M$\left(7, \dfrac{5}{2}\right)$

重心 G の x 座標は $\dfrac{1\cdot 10+2\cdot 7}{2+1}=8$，　y 座標は $\dfrac{1\cdot 7+2\cdot\frac{5}{2}}{2+1}=4$

よって G$(8, 4)$

2次対策演習1 　[最小値を求める] ━━━━━━━━ 数学II

座標平面上に 2 点 A$(5,2)$，B$(1,4)$ があり，x 軸上に点 P があるとき次の問いに答えなさい。

(1) AP^2+BP^2 の最小値とそのときの点 P の座標を求めなさい。

(2) AP+BP の最小値とそのときの点 P の座標を求めなさい。

POINT

まず図をかいてみよう。式を用いて計算するか，それとも視覚的に処理するのか考えてみよう。

解答

点 P の座標を $(x,0)$ とおく。

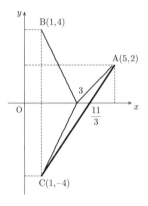

(1) AP^2+BP^2
$$= (x-5)^2+(0-2)^2+(x-1)^2+(0-4)^2$$
$$= 2x^2-12x+46 = 2(x-3)^2+28$$

よって，P$(3,0)$ のとき最小値 28 となる。
……(答)

(2) x 軸に関して点 B と対称な点 $(1,-4)$ を C とする。

BP=CP より AP+BP=AP+CP=AP+PC

この値が最小となるのは点 P が線分 AC 上にある場合である。

点 C と点 A の y 座標の比は，$|-4|:2=2:1$ だから，このとき点 P は線分 CA を $2:1$ に内分する点である。

x 座標は $\dfrac{1\cdot1+2\cdot5}{2+1}=\dfrac{11}{3}$，$y$ 座標は $\dfrac{1\cdot(-4)+2\cdot2}{2+1}=0$　よって P$\left(\dfrac{11}{3},0\right)$

さらに AP+BP は線分 AC の長さだから

最小値 AP+BP $=\sqrt{(1-5)^2+(-4-2)^2}=\sqrt{16+36}=\sqrt{52}=2\sqrt{13}$ ……(答)

一言コメント

上の解答 (2) は，点 B の x 軸に関する対称点で考えたが，点 A の対称点で考えることもできる。また，直線 CA と x 軸の交点の座標を求めてもよい。

2次対策演習2 ［三角形の重心］ ━━━━━━━━━ 数学II

△ABC の辺 AB，BC，CA を 2:1 に内分する点をそれぞれ P，Q，R とします。このとき △ABC の重心と △PQR の重心が一致することを示しなさい。

POINT

重心が一致することは感覚的にはわかりそうである。証明なのでどのように記述するかが大切である。

A(a_1, a_2), B(b_1, b_2), C(c_1, c_2) とおく。

△ABC の重心の座標は，

$$\left(\frac{a_1 + b_1 + c_1}{3}, \frac{a_2 + b_2 + c_2}{3} \right) \qquad \cdots\cdots\text{①}$$

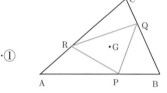

一方

点 P の座標は，$\left(\dfrac{a_1 + 2b_1}{2+1}, \dfrac{a_2 + 2b_2}{2+1} \right)$ つまり $\left(\dfrac{a_1 + 2b_1}{3}, \dfrac{a_2 + 2b_2}{3} \right)$

点 Q の座標は，$\left(\dfrac{b_1 + 2c_1}{2+1}, \dfrac{b_2 + 2c_2}{2+1} \right)$ つまり $\left(\dfrac{b_1 + 2c_1}{3}, \dfrac{b_2 + 2c_2}{3} \right)$

点 R の座標は，$\left(\dfrac{c_1 + 2a_1}{2+1}, \dfrac{c_2 + 2a_2}{2+1} \right)$ つまり $\left(\dfrac{c_1 + 2a_1}{3}, \dfrac{c_2 + 2a_2}{3} \right)$

△PQR の重心を G(g_1, g_2) とおく。

$$g_1 = \frac{\frac{a_1 + 2b_1}{3} + \frac{b_1 + 2c_1}{3} + \frac{c_1 + 2a_1}{3}}{3} = \frac{1}{3}\left(\frac{3a_1 + 3b_1 + 3c_1}{3} \right) = \frac{a_1 + b_1 + c_1}{3}$$

$$g_2 = \frac{\frac{a_2 + 2b_2}{3} + \frac{b_2 + 2c_2}{3} + \frac{c_2 + 2a_2}{3}}{3} = \frac{1}{3}\left(\frac{3a_2 + 3b_2 + 3c_2}{3} \right) = \frac{a_2 + b_2 + c_2}{3}$$

よって G$\left(\dfrac{a_1 + b_1 + c_1}{3}, \dfrac{a_2 + b_2 + c_2}{3} \right)$　これは①に一致する。　　（証明終）

一言コメント

この問題では，3 つの辺を 2：1 に内分したが，3 つの辺を $m:n$ など他の比に内分しても両方の三角形の重心が一致することを証明できる。

第 2 節 直線の方程式

数学 Ⅱ

座標平面上の直線の方程式は

$$y = mx + n \quad \text{または} \quad ax + by + c = 0$$

などと表すことができる。ただし，m, n, a, b, c は定数で，$a \neq 0$ または $b \neq 0$

異なる 2 点 $A(a_1, a_2)$，$B(b_1, b_2)$ がある。$a_1 \neq b_1$ とする。

点 A を通り傾き m の直線上の点 A と異なるすべての点を $P(x, y)$ とすると

$$m = \frac{y - a_2}{x - a_1}$$

よって $y - a_2 = m(x - a_1)$ $\qquad y = m(x - a_1) + a_2$

この等式は $x = a_1, y = a_2$ のときも成り立つ。

直線 AB は，傾きが $m = \dfrac{b_2 - a_2}{b_1 - a_1}$ であるから $\qquad y = \dfrac{b_2 - a_2}{b_1 - a_1}(x - a_1) + a_2$

例えば，点 $A(3, 1)$ を通り，傾き -2 の直
線の方程式は

$$y = -2(x - 3) + 1$$

$$y = -2x + 7$$

2 点 $A(3, 1)$，$B(5, 4)$ を通る直線の方程式は

$$y = \frac{4 - 1}{5 - 3}(x - 3) + 1$$

$$y = \frac{3}{2}x - \frac{7}{2}$$

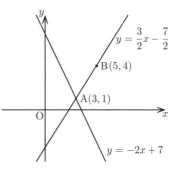

ここでは点 $A(3, 1)$ の座標を代入したが，次のように点 $B(5, 4)$ の座標を代入し
ても同様の結果が得られる。

$$y = \frac{4 - 1}{5 - 3}(x - 5) + 4$$

$$y = \frac{3}{2}x - \frac{7}{2}$$

　例えば点 A$(3, 2)$, B$(3, 4)$, C$(5, 2)$ のとき，
直線 AB の方程式は $x = 3$，直線 AC の方程式は $y = 2$ となる。

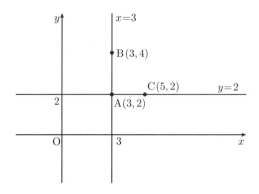

　$y = mx + n$（標準形）では傾きが m で，y 軸との交点の y 座標が n であることがわかる。しかし，xy 平面上のすべての直線を表すことはできない。この形では y 軸に平行な直線を表すことができない。

　それに対して，$ax + by + c = 0$（一般形）では，$a \neq 0$, $b = 0$ とすれば y 軸に平行な直線を表すことができる。

　直線の方程式の形は，$y = mx + n$（標準形）と $ax + by + c = 0$（一般形）のそれぞれの特徴をよく理解した上でうまく使い分けられるようにしたい。

2直線 $y = m_1 x + n_1$ と $y = m_2 x + n_2$ が

> 平行なとき　$m_1 = m_2$,　　垂直なとき　$m_1 m_2 = -1$

2直線 $a_1 x + b_1 y + c_1 = 0$, $a_2 x + b_2 y + c_2 = 0$ が

> 平行なとき　$a_1 b_2 - a_2 b_1 = 0$,　　垂直なとき　$a_1 a_2 + b_1 b_2 = 0$

高校数学の科目では，今学んでいるこの内容は「数学Ⅱ」であり，
ベクトルは「数学C」である。
学校の授業等でベクトルを学んでいる読者は，
ベクトルでの垂直条件，平行条件，3点が一直線上にある条件，法線ベクトル，
三角形の面積等もよく確認しておきたい。

2次対策演習3 [**直線の方程式**]

(1) 直線 $\ell: 2x-3y+5=0$ に垂直で，点 $A(1,1)$ を通る直線の方程式を求めなさい。

(2) 直線 $m: y=2x+1$ に関して，点 $B(3,4)$ と対称な点 $C(c_1, c_2)$ の座標を求めなさい。

POINT

(1) 垂直条件をどのように使ったらよいか。

(2) 図から，線分BC と直線 ℓ の位置関係を考えてみよう。

解答

(1) 直線 ℓ の方程式を変形して，$y=\dfrac{2}{3}x+\dfrac{5}{3}$ となり，傾きは $\dfrac{2}{3}$

求める直線の方程式は，傾き $-\dfrac{3}{2}$ で点 $A(1,1)$ を通る直線だから

$$y=-\frac{3}{2}(x-1)+1, \qquad y=-\frac{3}{2}x+\frac{5}{2} \qquad \cdots\cdots(答)$$

(2) 直線BC は直線 m と垂直だから $2\times\dfrac{c_2-4}{c_1-3}=-1,\quad c_1=-2c_2+11\ \cdots①$

線分BC の中点は $\left(\dfrac{3+c_1}{2}, \dfrac{4+c_2}{2}\right)$

これが直線 m 上にあるから $\dfrac{4+c_2}{2}=2\times\dfrac{3+c_1}{2}+1,\quad c_2=2c_1+4\ \cdots②$

①，②より c_1, c_2 を求めて $C\left(\dfrac{3}{5}, \dfrac{26}{5}\right)$ $\qquad\cdots\cdots(答)$

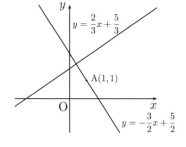

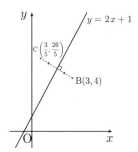

一言コメント

自分で図をかいて位置関係を確認しよう。できるだけ正確な図をかいた方が良い解法が思いつく。

第 3 節　点と直線の距離 数学 II

基本事項の解説

　座標平面上の点 P と直線 ℓ 上の任意の点との距離のうち最短のものを点 P と直線 ℓ の距離という。

　点 P から直線 ℓ に垂線を引き交点を H とする。このとき，点 P と直線 ℓ の距離 d は，$d = \text{PH}$ である。

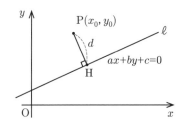

点と直線の距離

xy 平面上の点 $\text{P}(x_0, y_0)$ と直線 $\ell : ax + by + c = 0$ の距離を d とすると

$$d = \frac{|ax_0 + by_0 + c|}{\sqrt{a^2 + b^2}}$$

　点と直線の距離を求める際に，問題が $y = mx + n$（標準形）で与えられている場合は，この公式を使うために $ax + by + c = 0$（一般形）の形に変形する。

　例えば，点 $\text{A}(2, 5)$ と直線 $\ell : y = \dfrac{5}{2}x - 3$ の距離 d を求めてみよう。

　直線 ℓ の式は $5x - 2y - 6 = 0$ と変形できるから，点と直線の距離の公式より

$$d = \frac{|5 \cdot 2 - 2 \cdot 5 - 6|}{\sqrt{5^2 + (-2)^2}} = \frac{6}{\sqrt{29}} = \frac{6\sqrt{29}}{29}$$

　もしも点と直線の距離の公式を用いないとしたら，この問題では，点 A を通り直線 ℓ に垂直な直線 m と直線 ℓ の交点 H を求め，2 点間の距離の公式から $d = \text{AH}$ を求めることはできる。

　しかし，この方法では計算が厄介である。ここではぜひ，点と直線の距離の公式を使えるようにして欲しい。

２次対策演習４ ［三角形の面積］ ━━━━━━━━━━━ 数学Ⅱ

座標平面上に異なる 3 点 $O(0,0)$, $A(a,b)$, $B(c,d)$ があります。この 3 点を頂点とする △OAB の面積は $\dfrac{1}{2}|ad-bc|$ と表されることを示しなさい。

POINT

辺 OA を底辺と考えたとき，高さはどのように求められるか考えてみよう。

解答 ━━━━━━━━━━━━━━━━━━━━━━━━━━━━━

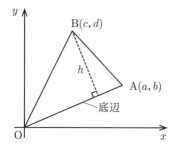

(証明)

直線 OA の方程式は $a \neq 0$ のとき $y - \dfrac{b}{a}x$ つまり $bx \quad ay = 0$

この直線 OA の方程式 $bx - ay = 0$ は $a = 0$ のときも成り立つ。

辺 OA を底辺とみて $OA = \sqrt{a^2+b^2}$

このときの △OAB の高さは点 B と直線 $bx - ay = 0$ との距離 h になるから

$$h = \frac{|bc-ad|}{\sqrt{b^2+(-a)^2}} = \frac{|ad-bc|}{\sqrt{a^2+b^2}}$$

よって △OAB の面積 S は，

$$S = \frac{1}{2} \cdot OA \cdot h = \frac{1}{2}\sqrt{a^2+b^2} \cdot \frac{|ad-bc|}{\sqrt{a^2+b^2}} = \frac{1}{2}|ad-bc| \qquad \text{(証明終)}$$

一言コメント ━━━━━━━━━━━━━━━━━━━━━━━━━━

2 直線 $a_1x+b_1y+c_1=0$, $a_2x+b_2y+c_2=0$ が平行なとき $a_1b_2-a_2b_1=0$ であるが，この式と上の $ad-bc$ がなぜか似ている。ベクトルを学べばこのつながりがよくわかるであろう。

第 4 節 円の方程式

数学 II

基本事項の解説

点 $C(a, b)$ を中心として半径 r の円の方程式は，中心 $C(a, b)$ と円周上の点 $P(x, y)$ の距離が r であることから，次のように表される。

$$(x-a)^2 + (y-b)^2 = r^2 \qquad (標準形)$$

この式を展開して整理すると

$$x^2 + y^2 + lx + my + n = 0 \qquad (一般形)$$

の形に変形することができる。ただし，$r > 0$, $l^2 + m^2 - 4n > 0$

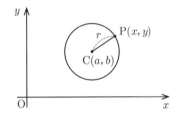

原点 O を中心として半径 r の円の方程式は，$x^2 + y^2 = r^2$ である。

$x^2 + y^2 + lx + my + n = 0$（一般形）の形で表された円の方程式を $(x-a)^2 + (y-b)^2 = r^2$（標準形）の形に変形することにより，この円の中心の座標と半径を求めることができる。

例えば，円 $x^2 + y^2 - 6x - 4y - 3 = 0$ の中心の座標と半径を求めてみる。

平方完成して
$$x^2 - 6x + 9 + y^2 - 4y + 4 = 3 + 9 + 4$$
$$(x-3)^2 + (y-2)^2 = 4^2$$

よって，中心 $(3, 2)$，半径 4 の円であることがわかる。

平方完成の計算は，2次関数で最初に習うが，不等式の証明や円の方程式のところでも必要とされる。

円 $x^2+y^2=r^2$ 上の点 $P(x_0, y_0)$ における接線の方程式は

$$x_0x + y_0y = r^2$$

で与えられる。

例えば，円 $x^2+y^2=25$ ……① 上の
点 $P(3, 4)$ における接線の方程式は
$r^2=25,\ x_0=3,\ y_0=4$ だから，
$3x+4y=25$ ……②となる。

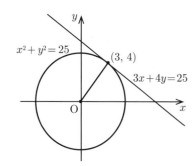

次に，この例の図形を x 軸方向に 2，y 軸方向に
5 平行移動してみよう。

円①は $(x-2)^2+(y-5)^2=25$ ……③
点 P は $Q(5, 9)$
接線②は $3(x-2)+4(y-5)=25$ となる。
よって $3x+4y=51$ ……④

> 曲線 $y=f(x)$ を x 軸
> 方向に 2，
> y 軸方向に 5 平行移動
> した曲線の方程式は
> x を $x-2$ に，y を $y-5$
> におきかえて
> $y-5=f(x-2)$

一般に，円 $(x-a)^2+(y-b)^2=r^2$ 上の点 $Q(x_0, y_0)$ における接線の方程式は

$$(x_0-a)(x-a)+(y_0-b)(y-b)=r^2$$

となる。

この式に $x_0=5,\ y_0=9,\ a=2,$
$b=5,\ r^2=25$ を代入すると

$$(5-2)(x-2)+(9-5)(y-5)=25$$

$$3(x-2)+4(y-5)=25$$

よって $3x+4y=51$ となり，④が
得られる。

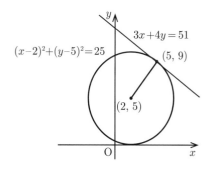

円と直線の位置関係

円の中心と直線 ℓ の距離を d, 円の半径を r とするとき,

- $d < r$ ならば, 円と直線 ℓ は異なる2点で交わる
- $d = r$ ならば, 円と直線 ℓ は接する
- $d > r$ ならば, 円と直線 ℓ は共有点をもたない

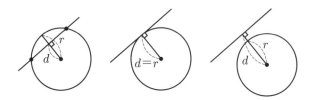

2つの円の位置関係

点 O_1 を中心とし半径が r_1 の円と, 点 O_2 を中心とし半径が r_2 の円について, 中心間の距離 O_1O_2 を d とするとき,

- $d > r_1 + r_2$ ならば, 2つの円は共有点をもたない
- $d = r_1 + r_2$ ならば, 2つの円はただ1点で接する（外接）
- $|r_1 - r_2| < d < r_1 + r_2$ ならば, 2つの円は異なる2点で交わる
- $d = |r_1 - r_2|$ ならば, 2つの円はただ1点で接する（内接）
- $d < |r_1 - r_2|$ ならば, 2つの円は共有点をもたない

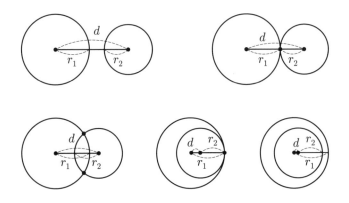

[**3点を通る円**] ────── 数学 II

3 点 A$(2,0)$, B$(0,-2)$, C$(4,-2)$ を通る円の方程式を求めなさい。

解答

方程式 $x^2+y^2+lx+my+n=0$ にこれらの点の座標を代入する。

点 A$(2,0)$ を通るから　　$4+2l+n=0$　　　……①

点 B$(0,-2)$ を通るから　$4-2m+n=0$　　　……②

点 C$(4,-2)$ を通るから　$20+4l-2m+n=0$　……③

この連立方程式を解き，$l=-4$, $m=4$, $n=4$ だから

$$x^2+y^2-4x+4y+4=0 \qquad ……(答)$$

一言コメント

得られた方程式を変形して $(x-2)^2+(y+2)^2=4$ なので，中心 $(2,-2)$，半径 2 の円であることがわかる。この中心は△ABC の外心である。

 ［**直径の両端から円を求める**］ **過去問題** ──── 数学 II

2 点 $(2,-3),(6,-1)$ を直径の両端とする xy 平面上の円の方程式を求めなさい。

解答

A$(2,-3)$, B$(6,-1)$ とする。線分 AB の中点 C の座標は

$$x \text{座標は} \frac{2+6}{2}=4, \qquad y \text{座標は} \frac{-3+(-1)}{2}=-2$$

よって　C$(4,-2)$

2 点 A$(2,-3)$, C$(4,-2)$ 間の距離 r は

$$r=\sqrt{(4-2)^2+(-2+3)^2}=\sqrt{5}$$

中心 C$(4,-2)$，半径 $r=\sqrt{5}$ の円だから

$$(x-4)^2+(y+2)^2=5 \qquad ……(答)$$

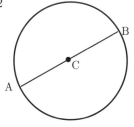

一言コメント

2 点 B$(6,-1)$, C$(4,-2)$ 間の距離は $\sqrt{(4-6)^2+(-2+1)^2}=\sqrt{5}$

もちろんこれは r に一致する。

2次対策演習5　[円に接する直線] ——————————— 数学II

円 $C: x^2+y^2=9$ と直線 $\ell: 3x+y-k=0$ が接するような定数 k の値を求めなさい。

POINT

円 C の中心と直線 ℓ の距離は，点と直線の距離と考えることができる。

解答

円 C の中心 $O(0,0)$ と直線 ℓ の距離が半径 3 のときに接するから，点と直線の距離の公式より

$$\frac{|0\cdot 3+0-k|}{\sqrt{3^2+1^2}}=3 \qquad |k|=3\sqrt{10} \qquad k=\pm 3\sqrt{10} \qquad \cdots\cdots(答)$$

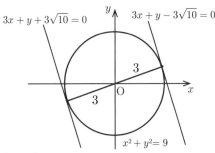

直線 $\ell: 3x+y-k=0$ は定数 k の値が変化すると傾き -3 のまま平行移動する。

【別解】

直線 $\ell: 3x+y-k=0$ の方程式を変形して　$y=-3x+k$

これを円 $C: x^2+y^2=9$ の方程式に代入して　$x^2+(-3x+k)^2=9$

$$10x^2-6kx+k^2-9=0$$

直線 ℓ と円 C の共有点の個数とこの2次方程式の異なる実数解の個数は一致するから，接するためには，判別式 $D=0$ となればよい。

$$\frac{1}{4}D=9k^2-10(k^2-9)=-k^2+90$$

$D=0$ より　$k=\pm\sqrt{90}=\pm 3\sqrt{10}$ 　　　　　　　$\cdots\cdots(答)$

一言コメント

「別解」の判別式での考え方は，直線と放物線等の2次曲線でも使えるが，円 C の中心が原点 O でないとき判別式の方法では計算が煩雑になる。この問題では，点と直線の距離の公式を使えるようにしたい。

［円の外部から引いた接線］ ━━━━━━ 数学 II

点 P$(2,4)$ から円 $x^2+y^2=10$ に対して 2 本の接線を引きます。2 つの接点をそれぞれ S，T とするとき，$\triangle$PST の面積を求めなさい。

POINT

点 P は接点ではないので，まず接点の座標を (a,b) とおいて考えてみよう。

解答

接点の座標を (a,b) とおく。

接線の方程式は $ax + by = 10$

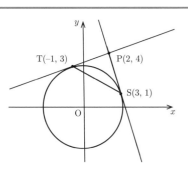

T$(-1,3)$ P$(2,4)$

S$(3,1)$

この接線は点 P$(2,4)$ を通るから

$$2a + 4b = 10$$

$$a = -2b + 5 \qquad \cdots\cdots ①$$

点 (a,b) は円 $x^2+y^2=10$ 上にあるから

$$a^2 + b^2 = 10 \qquad \cdots\cdots ②$$

①を②に代入して　$(-2b+5)^2 + b^2 = 10$　　　$b^2 - 4b + 3 = 0$

これを解き　$b = 1, 3$

①より　$b = 1$ のとき $a = 3$，　　$b = 3$ のとき $a = -1$

よって接点は S$(3,1)$, T$(-1,3)$

点 S$(3,1)$ における接線の方程式は $3x + y = 10$

点 T$(-1,3)$ における接線の方程式は $-x + 3y = 10$

これらの直線の傾きは -3 と $\dfrac{1}{3}$ であり，かけると -1 となるから直交する。

よって $\triangle$PST は辺 ST を斜辺とする直角 2 等辺三角形である。

$$PS = \sqrt{(3-2)^2 + (1-4)^2} = \sqrt{10} \qquad よって \triangle PST = \frac{1}{2}\sqrt{10}\cdot\sqrt{10} = 5 \cdots (答)$$

一言コメント

3 点 P，S，T の座標や直線の方程式がわかるので，$\triangle$PST の求め方にはいくつかの方法がある。

第 5 節　軌跡と領域
数学 II

基本事項の解説

　与えられた条件を満たす点全体が表す図形を，その条件を満たす点の**軌跡**という。例えば，「原点 O からの距離が 3 である」という条件があるときその図形は円になり，軌跡は中心が O で半径が 3 の円である。軌跡の方程式は $x^2+y^2=9$ である。

　条件を満たす式が方程式でなく不等式になることもある。例えば，不等式 $x^2+y^2<9$ は，中心が O で半径が 3 の円の内部で境界線上は含まない。このようなとき，この条件を満たす点全体をその不等式の表す**領域**という。

 1次対策演習5　**[軌跡]**　──────────────── 数学 II

　2 点 A$(1,0)$，B$(5,0)$ に対して次の点の軌跡を求めなさい。
　(1)　$AP^2+BP^2=AB^2$ となる点 P
　(2)　$\triangle ABQ$ が辺 AB を斜辺とする直角三角形となるときの点 Q

解答

(1)　P(x,y) とおく。$AP^2+BP^2=AB^2$ より
$(x-1)^2+(y-0)^2+(x-5)^2+(y-0)^2$
$=(5-1)^2+(0-0)^2$
展開して整理すると $(x-3)^2+y^2=4$
求める軌跡は，中心 $(3,0)$，半径 2 の円である。
　　　　　　　　　　　　　　　……(答)

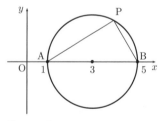

(2)　Q(x,y) とおく。三平方の定理より $AQ^2+BQ^2=AB^2$
　　　$(x-1)^2+(y-0)^2+(x-5)^2+(y-0)^2=(5-1)^2+(0-0)^2$

展開して整理すると　　$(x-3)^2+y^2=4$
ここで点 Q が点 A, B に一致したとき

　　　　それぞれ AQ$=0$，　BQ$=0$ となり，$\triangle ABQ$ が成立しない。

すなわち求める軌跡は，中心 $(3,0)$，半径 2 の円で 2 点 A, B を除く。……(答)

一言コメント

(1) と (2) はどこが同じで，どこが異なるかよく考えてください。

［**2点から等距離にある点の軌跡**］ **過去問題** —— 数学Ⅱ

xy 平面上において，2 点 A$(5,3)$，B$(3,7)$ から等距離にある点 P の軌跡は直線となることを証明しなさい。また，この直線の方程式を求めなさい。

POINT

P(x,y) とおき，AP＝BP を x,y で表してみよう。

解答

（証明）P(x,y) とおくと，AP＝BP より AP^2＝BP^2

$a \geqq 0,\ b \geqq 0$ のとき
$a = b \Leftrightarrow a^2 = b^2$

$$(x-5)^2+(y-3)^2=(x-3)^2+(y-7)^2$$

$$x^2-10x+25+y^2-6y+9=x^2-6x+9+y^2-14y+49$$

$$-10x-6y+34=-6x-14y+58$$

$$4x-8y+24=0$$

$$x-2y+6=0$$

これは xy 平面における直線を表す。　　証明終

求める直線の方程式は，$x-2y+6=0$　　　　　　……（答）

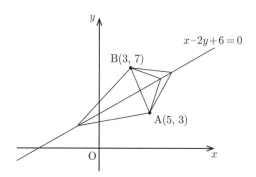

一言コメント

点 P が線分 AB 上にあるとき，点 P は線分 AB の中点
点 P が線分 AB 上にないとき，△PAB は AP＝BP の二等辺三角形
求めた直線 $x-2y+6=0$ は線分 AB の垂直 2 等分線である。

1次対策演習6 [不等式の表す領域] ──────── 数学II

次の連立不等式の表す領域を図示しなさい。 $\begin{cases} x^2 + y^2 < 25 \\ y > \dfrac{3}{4}x \end{cases}$

解答 ───────────────────

不等式 $x^2 + y^2 < 25$ の表す領域は，中心が原点 O，半径 5 の円の内部で境界線上は含まない。

不等式 $y > \dfrac{3}{4}x$ の表す領域は，直線 $y = \dfrac{3}{4}x$ の上側の領域で境界線は含まない。

よって，この不等式の表す領域は，図の斜線部分で境界線は含まない。　……(答)

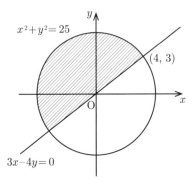

一言コメント ───────────────────

この問題では不等号の下にイコールがついていないので，境界線は含まない。もし，イコールがついている場合は境界線（直線や曲線の上）も含む。

次のような不等式の表す領域について考えてみよう。
例えば，不等式

$$(y - f(x))(y - g(x)) > 0$$

の表す領域を考える。
$(y - f(x))$ と $(y - g(x))$ をかけて正になるということは
$(y - f(x))$ と $(y - g(x))$ が同符号，つまり，次の (i),(ii) のいずれかだから

  (i) $y - f(x) > 0$ かつ $y - g(x) > 0$
  (ii) $y - f(x) < 0$ かつ $y - g(x) < 0$

すなわち

  「(i) $y > f(x)$ かつ $y > g(x)$」 または 「(ii) $y < f(x)$ かつ $y < g(x)$」

という領域になる。

2次対策演習8 [不等式の表す領域] ——————— 数学II

次の不等式が表す領域を xy 平面に図示しなさい。

$$x^2 - 2y^2 + xy + 5x + 10y \geqq 0$$

POINT

左辺の式をうまく変形してどんな図形になるか考えてみよう。

解答

左辺を x について整理してみる。

$$x^2 - 2y^2 + xy + 5x + 10y$$
$$= x^2 + (y+5)x - 2y^2 + 10y$$
$$= x^2 + (y+5)x - 2y(y-5)$$
$$= (x+2y)(x-y+5)$$

> x^2 の係数が1,
> y^2 の係数が -2 であるから
> y について整理するより
> x について整理する方が
> 因数分解しやすい。

よって，与えられた不等式は次のようになる。

$$(x+2y)(x-y+5) \geqq 0$$

よって, (i) $x+2y \geqq 0$ かつ $x-y+5 \geqq 0$ または (ii) $x+2y \leqq 0$ かつ $x-y+5 \leqq 0$

よって, (i) $y \geqq -\dfrac{1}{2}x$ かつ $y \leqq x+5$ または (ii) $y \leqq -\dfrac{1}{2}x$ かつ $y \geqq x+5$

すなわち，この不等式の表す領域は，図の斜線部分で境界線も含む。…(答)

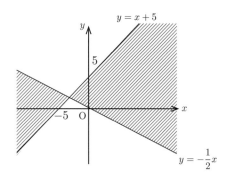

一言コメント

文字を2種類含んだ因数分解の計算方法や，「かつ」，「または」などよく確認しておこう。

2次対策演習9 ［放物線の軌跡］ ━━━━━━━━━━━ 数学II

点 P が放物線 $y = x^2 + 2$ 上を動くとき，点 A$(1, 0)$ と点 P を両端とする線分 AP の中点 M の軌跡を求めなさい。

POINT

まず，3 点 A, P, M の関係を調べてみよう。

解答

点 P の座標を $(p,\ p^2 + 2)$ とおき，
点 M の座標を (x, y) とおく。

> 中点 M の軌跡を求めるために，点 M の座標を (x, y) とおく。放物線上の点 P は x, y 以外の文字を用いる。

点 M は線分 AP の中点だから

$$x = \frac{1+p}{2}\ ,\ \ y = \frac{0 + p^2 + 2}{2} = \frac{p^2 + 2}{2}$$

よって，　$p = 2x - 1$　……①
　　　　　$p^2 + 2 = 2y$　……②

> ここでは，P$(p, p^2 + 2)$ とおいたが，P(p, q) とおいて，その後 $q = p^2 + 2$ としてもよい。

①を②に代入すると

$$2y = (2x - 1)^2 + 2$$
$$y = \frac{1}{2} \times 4\left(x - \frac{1}{2}\right)^2 + 1$$
$$y = 2\left(x - \frac{1}{2}\right)^2 + 1$$

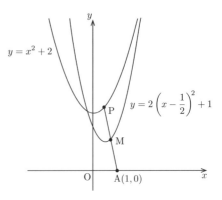

よって，求める軌跡は，

放物線 $y = 2\left(x - \frac{1}{2}\right)^2 + 1$　……(答)

一言コメント

軌跡は図形なので，軌跡の方程式だけでなく，図形を（ここでは，放物線と）答える。

2次対策演習 10　　［アポロニウスの円］　　━━━━━━━ 数学 II

x, y 平面上に点 O$(0,0)$，A$(6,0)$ がある。点 P が OP：PA $=2:1$ の条件を満たしながら動くとき，点 P の軌跡を求めなさい。

POINT

例えば，直線になるか，曲線になるか等，どんな図形になるか予想してみよう。

解答

条件 OP：PA $=2:1$ より

> 内項の積と外項の積は等しい。

$$OP = 2PA$$
$$OP^2 = 4PA^2 \quad \cdots\cdots①$$

P(x, y) とおく。

$$OP^2 = x^2 + y^2, \qquad PA^2 = (x-6)^2 + (y-0)^2$$

これらを①に代入する。

$$x^2 + y^2 = 4\{(x-6)^2 + (y-0)^2\}$$
$$x^2 + y^2 = 4(x^2 - 12x + 36 + y^2)$$
$$3x^2 - 48x + 144 + 3y^2 = 0$$
$$x^2 - 16x + 48 + y^2 = 0$$
$$(x-8)^2 + y^2 = 16$$

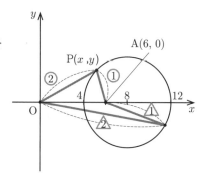

これは中心が $(8,0)$，半径 4 の円を表す。　　　　　　……(答)

一言コメント

一般に，異なる 2 点 A,B と動点 P があり，

AP：PB $=1:1$ のとき点 P の軌跡は，線分 AB の垂直二等分線になる。

AP：PB $=m:n\,(m \neq n)$ のとき点 P の軌跡は，線分 AB を $m:n$ に内分する点を C，$m:n$ に外分する点を D として，線分 CD を直径とする円になる。

この円を**アポロニウスの円**という。

第 6 節　図形と方程式の応用問題 数学 I, II

2次対策演習11　[図形と式]　———————————— 数学 II

2次関数 $y=x^2$ と $y=-x^2+2x+1$ のグラフの交点と点 $(0,5)$ を通るグラフとなるような，2次関数を求めなさい。

POINT

2つの2次関数の交点の座標を求める必要はあるのだろうか。

$y=x^2$ と $y=-x^2+2x+1$ より

$$x^2=-x^2+2x+1, \qquad 2x^2-2x-1=0$$

判別式を D として　$D=(-2)^4-4\cdot 2\cdot(-1)=4+8=12>0$

よって，この2つのグラフは異なる2点を共有する。

$$(x^2-y)+k(x^2-2x-1+y)=0 \qquad \cdots\cdots①$$

は与えられた2つの2次関数のグラフの交点を通る2次関数の式を表す。

その2次関数が点 $(0,5)$ を通るから，

$x=0$，$y=5$ を代入して

$$-5+k(-1+5)=0 より \quad k=\frac{5}{4}$$

これを①に代入して

> ①式は，いろいろな2次関数を表すことができる。
> たとえば，
> $k=0$ のとき $y=x^2$ を表す。
> しかし，
> $y=-x^2+2x+1$ を表すことはできない。
> また，$k=-1$ のときは，2次関数ではなく，
> 直線 $2x-2y+1=0$ を表す。

$$(x^2-y)+\frac{5}{4}(x^2-2x-1+y)=0, \quad 4(x^2-y)+5(x^2-2x-1+y)=0$$

これを整理して　$y=-9x^2+10x+5$ ……(答)

一言コメント

上の①のように文字 k を用いて表す方法をとれば，2つの2次関数の交点の座標を求める必要はない。

たとえば，円では，円 $f(x,y)=0$ と円 $g(x,y)=0$ が2点で交わるとき，この2点を通る円は1つの文字 k を用いて　$f(x,y)-k\{g(x,y)\}=0$　と表すことができる。ただしこの方法では，円 $g(x,y)=0$ を表すことはできない。

そこで，2つの文字 s,t を用いて，$s\{f(x,y)\}-t\{g(x,y)\}=0$ とおけば，2つの円の2つの交点を通る円をすべて表すことができる。

2次対策演習 12 ［円と直線の交点］ **過去問題** ━━━━━━━━ 数学Ⅱ

a を正の定数とします。ともに原点 O を通る円 $(x-3)^2+(y-4)^2=25$ と直線 $ax-y=0$ について，次の問いに答えなさい。

(1) 円の中心と直線の距離 d を，a を用いて表しなさい。この問題は解法の過程を記述せずに，答えだけを書いてください。

(2) 円と直線の，原点 O 以外の交点を P とします。線分 OP の長さが 9 のとき，a の値を求めなさい。

POINT

> 図をかき，この円の中心を A として，△OAP に注目しよう。

(1) $d=\dfrac{|3a-4|}{\sqrt{a^2+1}}$ ……（答）

> 点 A$(3,4)$ と直線 $ax-y=0$ の距離 d は
> $$d=\frac{|a\cdot3+(-1)\cdot4|}{\sqrt{a^2+(-1)^2}}$$

(2) この円の中心を A とする。

円 A は中心 A$(3,4)$，半径 5 であり，原点 O を通る。AO＝AP＝5

点 A から線分 OP に垂線をおろし，交点を H とする。AH＝d

AO＝AP より，△OAP は二等辺三角形であるから，点 H は線分 OP の中点で，AH⊥OP である。条件より，

OP＝9，OH＝$\dfrac{9}{2}$

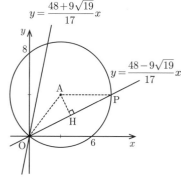

直角三角形 OAH に三平方の定理を用いて　AO^2＝AH^2＋OH^2

よって，$5^2=d^2+\left(\dfrac{9}{2}\right)^2$　$d^2=\dfrac{19}{4}$ …①

(1) より　$d^2=\dfrac{9a^2-24a+16}{a^2+1}$ …②

①，②より　$4(9a^2-24a+16)=19(a^2+1)$

$17a^2-2\cdot48a+45=0$

よって，$a=\dfrac{48\pm\sqrt{48\cdot48-17\cdot45}}{17}=\dfrac{48\pm\sqrt{9(16\cdot16-17\cdot5)}}{17}$

$=\dfrac{48\pm3\sqrt{256-85}}{17}=\dfrac{48\pm3\sqrt{171}}{17}=\dfrac{48\pm9\sqrt{19}}{17}$

これらはいずれも $a>0$ を満たすから，$a=\dfrac{48\pm9\sqrt{19}}{17}$ ……（答）

第 5 章
三角比と図形・三角関数

第 1 節 平面図形の性質

数学 A

基本事項の解説

まず，三角形に関する次の性質を確認しよう。

角の二等分線と辺の比

△ABC において ∠BAC の二等分線と辺 BC の交点
を D とすると

$$BA : AC = BD : DC$$

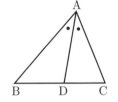

チェバの定理

△ABC の辺 AB, BC, CA 上にそれぞれ点 P, Q, R が
あり，3 直線 AQ, BR, CP が 1 点 X で交わるとき

$$\frac{AP}{PB} \cdot \frac{BQ}{QC} \cdot \frac{CR}{RA} = 1$$

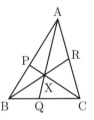

メネラウスの定理

直線 ℓ と △ABC の辺 AB, BC, CA またはその延長
が，それぞれ点 P, Q, R で交わるとき

$$\frac{AP}{PB} \cdot \frac{BQ}{QC} \cdot \frac{CR}{RA} = 1$$

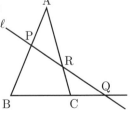

接弦定理

　円の接線とその接点を通る弦がつくる角は，その角の内部に含まれる弧に対する円周角に等しい。

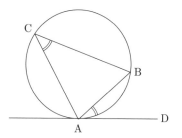

この図では，直線 AD が点 A において円に接して，
　　　∠BAD＝∠ACB

方べきの定理

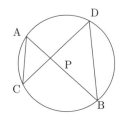
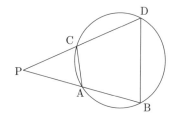

　円周上に異なる 4 点 A，B，C，D があり，直線 AB と直線 CD の交点を P とするとき， PA・PB＝PC・PD

　円の外部の点 P から接線を引き，接点を E とする。さらに，点 P を通る直線が円と異なる 2 点で交わりその点を A，B とする。

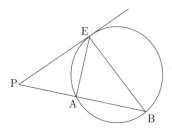

　このとき PA・PB＝PE^2

　平面図形の基本事項としてはこの他に，三角形の外心・内心・重心，円周角の定理，円に内接する四角形等がある。

1次対策演習1 　[メネラウスの定理]　過去問題 ──────── 数学A

右の図のように，△ABC の辺 AB 上に
AP：PB＝2：3 となる点 P をとり，辺 BC の
中点を M，線分 AM と線分 CP の交点を R
とします。
このとき，AR：RM を求め，もっとも簡単
な整数の比で表しなさい。

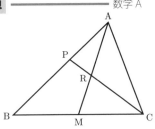

解答

メネラウスの定理より　　$\dfrac{AP}{PB}\cdot\dfrac{BC}{CM}\cdot\dfrac{MR}{RA}=1$

$\dfrac{2}{3}\cdot\dfrac{2}{1}\cdot\dfrac{MR}{RA}=1$　　　$\dfrac{MR}{RA}=\dfrac{3}{4}$

よって　AR：RM＝4：3　　　……(答)

> 点 M は線分 BC を 1：1
> に内分する。これを言
> い換えると，点 C は線分
> BM を 2：1 に外分する。

一言コメント

ここでは △ABM に直線 PC が交わっているという見方をしてメネラウスの定
理を用いることに気づいてほしい。また，別解としてベクトルの一次独立性を
用いて AR：RM の比を求めることもできる。

1次対策演習2 　[接弦定理]　過去問題 ──────── 数学A

右の図において，直線 PT は円 O の接線で，T は接
点です。点 P から円 O に2点で交わるように直線を
引き，点 P に近いほうから交点を A, B とするとき，
∠ATB の大きさを求めなさい。

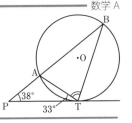

解答

$\angle BAT = \angle APT + \angle ATP = 38^\circ + 33^\circ = 71^\circ$
接弦定理より　$\angle ABT = \angle PTA = 33^\circ$
$\angle ATB = 180^\circ - \angle BAT - \angle ABT = 180^\circ - 71^\circ - 33^\circ = 76^\circ$　　　……(答)

一言コメント

上の解答では △ATB の内角の和が 180° であることや ∠ABT での接弦定理を
用いたが，△PTB の内角の和が 180° であることや ∠BAT での接弦定理を用い
ることもできる。

2次対策演習1　[内接円]　過去問題

右の図において，△ABC は ∠A = 90°
の直角三角形です。また円 O はその
内接円で，P, Q, R は接点です。
BP = 6, CP = 3 のとき，円 O の
半径 r を求めなさい。

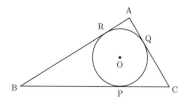

POINT

円 O の半径 r と線分 AR や AQ の長さの関係はどうなっているだろうか。

円の外部から引いた2本の接線の長さは等しい
から

> 三角形の内角の和は180°で
> ある。四角形の内角の和は
> 360°である。

$$BR = BP = 6, \quad CQ = CP = 3, \quad AR = AQ$$

条件より　∠RAQ = 90°　　接線であることから ∠ARO = ∠AQO = 90°
よって　　∠ROQ = 90°

四角形 AROQ は長方形であるが，AR = AQ より正方形である。
よって AR = AQ = r

$$AB = AR + RB = r + 6, \quad AC = AQ + QC = r + 3, \quad BC = BP + PC = 6 + 3 = 9$$

三平方の定理より　$AB^2 + AC^2 = BC^2$

$$(r+6)^2 + (r+3)^2 = 9^2$$
$$r^2 + 9r - 18 = 0$$

これを解き　　$r = \dfrac{-9 \pm \sqrt{81+72}}{2} = \dfrac{-9 \pm 3\sqrt{17}}{2}$

$r > 0$ より　　$r = \dfrac{-9 + 3\sqrt{17}}{2}$　　　　　　……(答)

一言コメント

面積を利用して，△ABC = △ABO + △BCO + △CAO としても r を求めるこ
とができる。△ABC が直角三角形でない場合はこの方が求めやすい。

第 2 節　三角比と平面図形への応用 数学I

基本事項の解説

三角比

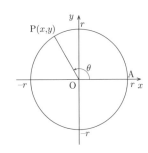

右の図で，原点 O が中心，半径 r の円周上に
点 $P(x, y)$ があり，$\angle AOP = \theta$ とする。

このとき $\sin\theta = \dfrac{y}{r}$, $\cos\theta = \dfrac{x}{r}$, $\tan\theta = \dfrac{y}{x}$

$\theta = 90°$ のとき，$\tan\theta$ は考えない。

三角比の相互関係

$$\sin^2\theta + \cos^2\theta = 1, \quad \tan\theta = \frac{\sin\theta}{\cos\theta}, \quad 1 + \tan^2\theta = \frac{1}{\cos^2\theta}$$

例えば，$\sin\theta = \dfrac{4}{5}$ のとき

$$\left(\frac{4}{5}\right)^2 + \cos^2\theta = 1, \qquad \cos^2\theta = \frac{9}{25}, \qquad \cos\theta = \pm\frac{3}{5}$$

$$\tan\theta = \frac{4}{5} \div \left(\pm\frac{3}{5}\right) = \pm\frac{4}{3} \text{（複号同順）}$$

このように三角比の相互関係を用いることにより，$\sin\theta, \cos\theta, \tan\theta$
のうち，1つがわかれば，残りの2つを求めることができる。

90°−θ の三角比

$$\sin(90° - \theta) = \cos\theta$$
$$\cos(90° - \theta) = \sin\theta$$
$$\tan(90° - \theta) = \frac{1}{\tan\theta}$$

180°−θ の三角比

$$\sin(180° - \theta) = \sin\theta$$
$$\cos(180° - \theta) = -\cos\theta$$
$$\tan(180° - \theta) = -\tan\theta$$

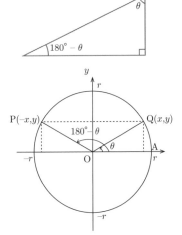

例えば，$\sin 10° = \cos 80° = \sin 170° = -\cos 100°$
$$\tan 20° = \frac{1}{\tan 70°} = -\tan 160° = -\frac{1}{\tan 110°}$$

三角比の表には普通，$0°$ から $90°$ までの三角比の値が掲載されているが，$180° - \theta$ の公式を用いることにより，$90°$ から $180°$ までの三角比を求めることができる。さらに，$90° - \theta$ の公式を用いることにより，$45°$ から $90°$ までの三角比は，$0°$ から $45°$ までの三角比で表すことができる。

次に，$\triangle$ABC において，AB $= c$，BC $= a$，CA $= b$ とおく。

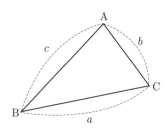

正弦定理

$$\frac{a}{\sin A} = \frac{b}{\sin B} = \frac{c}{\sin C} = 2R$$

ただし，R は $\triangle$ABC の外接円の半径。

余弦定理

$$a^2 = b^2 + c^2 - 2bc \cos A$$
$$b^2 = c^2 + a^2 - 2ca \cos B$$
$$c^2 = a^2 + b^2 - 2ab \cos C$$

三角形の面積

$\triangle$ABC の面積を S とおく。

$$S = \frac{1}{2}ab\sin C = \frac{1}{2}bc\sin A = \frac{1}{2}ca\sin B$$

正弦定理は，向かい合う辺と角の正弦の比が一定であることを表している。

余弦定理では，2 つの辺とその挟む角の余弦で残りの辺を表すことができ，面積の公式では，2 つの辺とその挟む角の正弦で面積を表すことができる。

1次対策演習3　　[正弦定理]　過去問題 ━━━━━━━━ 数学Ⅰ

$AC = 6$, $\sin B = \dfrac{2}{3}$ である $\triangle ABC$ の外接円の半径を求めなさい。

解答 ━━━━━━━━━━━━━━━━━━━━━━━━━━━━━

$AC = b = 6$

外接円の半径を R とする。正弦定理より　$\dfrac{b}{\sin B} = 2R$

$$2R = 6 \div \dfrac{2}{3} = 9 \qquad\qquad R = \dfrac{9}{2} \qquad\qquad \cdots\cdots (答)$$

一言コメント ━━━━━━━━━━━━━━━━━━━━━━━━━

図形の問題で問題に図が与えられていない場合，一般には自分で図をかいて考察した方がよいことが多い。しかしここでは図をかかなくても答を求めることができると思う。

 1次対策演習4　　[正弦定理]　過去問題 ━━━━━━━━ 数学Ⅰ

$AB = 5$, $BC = 3\sqrt{3}$, $\angle A = 60°$ である $\triangle ABC$ について，外接円の半径を求めなさい。

解答 ━━━━━━━━━━━━━━━━━━━━━━━━━━━━━

$AB = c = 5$, $BC = a = 3\sqrt{3}$, $\sin A = \sin 60° = \dfrac{\sqrt{3}}{2}$

外接円の半径を R とする。正弦定理より　$\dfrac{a}{\sin A} = 2R$

$$2R = a \div \sin A = 3\sqrt{3} \times \dfrac{2}{\sqrt{3}} = 6 \qquad\qquad R = 3 \qquad\qquad \cdots\cdots (答)$$

一言コメント ━━━━━━━━━━━━━━━━━━━━━━━━━

　向かい合う辺と角の正弦の比が一定で，外接円の直径に等しいということが正弦定理である。$\angle A$ に向かい合っている辺は BC なので，$AB = 5$ の条件はこの問題を解く際には必要ない。

［余弦定理］ ──────── 数学Ⅰ

△ABC において，AB = 6，AC = 8，∠BAC = 60° のとき，辺 BC の長さ
を求めなさい。

解答

余弦定理より，

$$BC^2 = AB^2 + AC^2 - 2AB \cdot AC \cdot \cos \angle BAC$$

だから

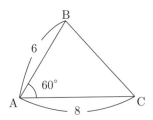

$$BC^2 = 6^2 + 8^2 - 2 \cdot 6 \cdot 8 \cdot \cos 60°$$
$$= 36 + 64 - 2 \cdot 6 \cdot 8 \cdot \frac{1}{2} = 100 - 48 = 52$$

BC > 0 より　BC = $2\sqrt{13}$　　　　　　　　　　……（答）

一言コメント

頂点 B から底辺 AC に垂線をおろすと直角三角形が 2 つできるので，三平方の
定理を用いても，辺 BC の長さは求めることはできる。しかし，ここでは余弦
定理を使うことができるように練習してほしい。

 ［面積の公式］ ──────── 数学Ⅰ

△ABC において，AB = 6，AC = 10，∠BAC = 30° のとき，△ABC の
面積 S を求めなさい。

解答

三角形の面積の公式より

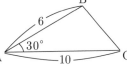

$$S = \frac{1}{2} AB \cdot AC \cdot \sin 30° = \frac{1}{2} \cdot 6 \cdot 10 \cdot \frac{1}{2} = 15 \quad \cdots（答）$$

一言コメント

ここで，△ABC の底辺を AC とみたとき，AB sin ∠BAC は高さになる。上の
問で ∠BAC は鋭角だが，もし ∠BAC が鈍角になっても sin ∠BAC の値は正で
あり，AB sin ∠BAC は高さになっている。

［円に内接する四角形］　**過去問題** ━━━━━━ 数学Ⅰ

AB＝4，AD＝7 である四角形 ABCD において，対角線 BD の長さが 5 で
あるとき，次の問いに答えなさい。

(1) ∠BAD＝θ とするとき，$\cos\theta$ の値を求めなさい。

(2) 四角形 ABCD が円に内接し，BC＝CD のとき，辺 BC の長さを求め
なさい。

POINT

ここではまず図をかいて，どのような図形の性質や三角比の定理を使うこ
とができるか考えてみよう。

解答 ━━━

(1) △BAD において余弦定理より

$$\cos\theta = \frac{4^2+7^2-5^2}{2\cdot4\cdot7} = \frac{16+49-25}{2\cdot4\cdot7}$$
$$= \frac{40}{2\cdot4\cdot7} = \frac{5}{7} \qquad \cdots\cdots(答)$$

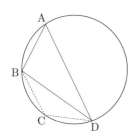

(2) 円に内接する四角形の向かい合う角の
和は $180°$ だから　∠BCD＝$180°-\theta$

$\cos\angle BCD = \cos(180°-\theta) = -\cos\theta$

BC＝CD＝x とおく。

△BCD において余弦定理より

$$BD^2 = BC^2 + CD^2 - 2BC\cdot CD\cos\angle BCD$$
$$25 = x^2 + x^2 - 2x^2(-\cos\theta)$$
$$2x^2 + 2\cdot\frac{5}{7}x^2 = 25$$
$$x^2 = 25\cdot\frac{7}{24}$$

$x>0$ より　$x = \sqrt{\dfrac{25\cdot7}{24}} = \dfrac{5}{2}\sqrt{\dfrac{7}{6}} = \dfrac{5\sqrt{42}}{12}$ 　　$\cdots\cdots$(答)

> 一般に
> $\sin(180°-\theta) = \sin\theta$
> $\cos(180°-\theta) = -\cos\theta$
> $\tan(180°-\theta) = -\tan\theta$

一言コメント

もしも，四角形 ABCD の面積を求める問題であれば，まず $\cos\theta$ から $\sin\theta$ を
求めて △BAD の面積を求める。次に △BCD の面積を求める際に，
$\sin(180°-\theta) = \sin\theta$ を用いる。

第 3 節　弧度法と三角関数　　数学 II

基本事項の解説

半径 1，弧の長さ 1 の扇形の中心角を 1 ラジアンと定める。

例えば，半径 1 の半円の弧の長さは π であるから，半円の中心角は π ラジアンである。すなわち，$180° = \pi$ ラジアン

角度を表すこの方法を**弧度法**という。これまでは角度を度数法で表してきたが，ここでは弧度法で表す。弧度法の単位はラジアンであるが，省略することが多い。すなわち，$180° = \pi$

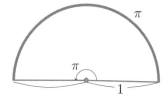

例えば次のようになる。

$$0° = 0, \quad 90° = \frac{1}{2}\pi, \quad 45° = \frac{1}{4}\pi, \quad 150° = \frac{5}{6}\pi, \quad 135° = \frac{3}{4}\pi$$

扇形の中心角が θ で半径が 2 であるとき，弧の長さは $\ell = 2\theta$ になる。同様に，扇形の中心角が θ で半径が r であるとき，弧の長さは $\ell = r\theta$ になる。

また，扇形の中心角が θ で半径が r であるとき扇形の面積 S は

$$S = \pi r^2 \times \frac{\theta}{2\pi} = \frac{1}{2}r^2\theta = \frac{1}{2}r\ell$$

角は半直線 OA（**始線**）から始めて，半直線 OP（**動径**）が原点 O を中心に反時計まわりに動くものと考える。

$$\angle \text{AOP} = \theta$$

弧度法でも，$\sin\theta = \dfrac{y}{r}, \quad \cos\theta = \dfrac{x}{r}, \quad \tan\theta = \dfrac{y}{x}$

の定義は第 2 節の三角比と同様である。

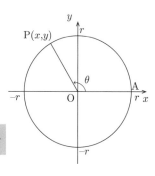

ただし，$\theta = \dfrac{\pi}{2} + n\pi$（$n$ は整数）のとき $\tan\theta$ は考えない。

　これまでは三角比を考える際に，角を $0°$ から $180°$ の範囲で考えたが，これからは負の角や $180°$ より大きい角も弧度法で考えることにする。

$$\theta,\ \theta+2\pi,\ \theta+4\pi,\ \cdots,\ \theta-2\pi,\ \theta-4\pi,\ \cdots$$

において，$\angle$AOP の動径 OP の位置は一致するので，$\sin\theta$，$\cos\theta$，$\tan\theta$ の値もそれぞれ一致する。

$$\sin(\theta+2n\pi)=\sin\theta,\quad \cos(\theta+2n\pi)=\cos\theta,\quad \tan(\theta+2n\pi)=\tan\theta$$
$$(\text{ただし } n \text{ は整数})$$

　中心が原点 O，半径 1 の円を**単位円**という。前ページの円の半径 r を変えても $\sin\theta$，$\cos\theta$，$\tan\theta$ の値は変わらないので，$r=1$ にすると考えやすい。

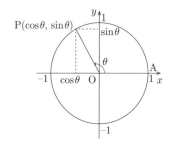

 ［タンジェントの値］　過去問題 ————————— 数学Ⅱ

　次の値を求めなさい。　　$\tan\dfrac{11}{6}\pi$

解答

　右の図のように xy 平面上に点 $\mathrm{P}(\sqrt{3},-1)$ をとる。

$$\tan\dfrac{11}{6}\pi=\dfrac{-1}{\sqrt{3}}=-\dfrac{1}{\sqrt{3}}\qquad\cdots\cdots(\text{答})$$

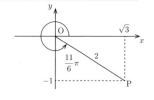

一言コメント

角 $\dfrac{11}{6}\pi$ と $-\dfrac{1}{6}\pi$ では動径の位置が同じなので，どちらで考えてもよい。

また，点 $\mathrm{P}\left(1,-\dfrac{1}{\sqrt{3}}\right)$ とすれば，y 座標が $\tan\dfrac{11}{6}\pi$ の値になる。

第 4 節　三角関数のグラフ　　数学II

基本事項の解説

三角関数 $y = \sin x$, $y = \cos x$, $y = \tan x$ のグラフは次のようになる。

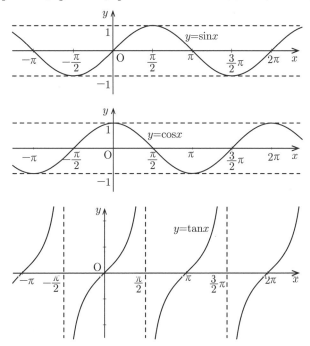

$y = \tan x$ のグラフにおいて直線 $x = \dfrac{\pi}{2} + n\pi$ は漸近線である。ただし n は整数とする。

一般に，関数 $f(x)$ において，どんな x についても $f(x) = f(x+p)$ が成り立つときこの p を周期という。普通，**周期**はこの p のうち正で最小のものをいう。

関数 $y = \sin x$, $y = \cos x$ の周期は 2π，
関数 $y = \tan x$ の周期は π である。

一般に，曲線 $y = f(x)$ のグラフを x 軸方向に p だけ平行移動した曲線の方程式は $y = f(x-p)$ である。

$y = \cos x$ のグラフは $y = \sin x$ のグラフを x 軸方向に $-\dfrac{\pi}{2}$ 平行移動したものである。

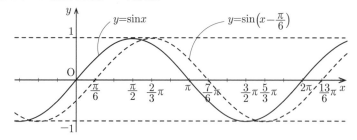

曲線 $y = \sin x$ のグラフを x 軸方向に $\dfrac{\pi}{6}$ だけ平行移動した曲線の方程式は $y = \sin\left(x - \dfrac{\pi}{6}\right)$ である。

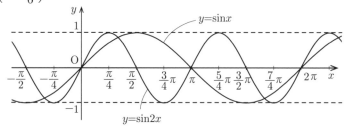

曲線 $y = \sin x$ の周期は 2π であるが，曲線 $y = \sin 2x$ の周期は π である。一般に，曲線 $y = \sin kx$ の周期は $\dfrac{2\pi}{k}$ である。ただし $k > 0$ とする。

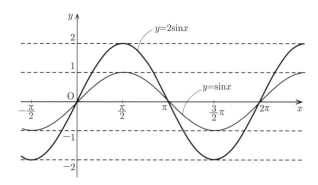

曲線 $y = \sin x$ のグラフを，x 軸をもとにして y 軸方向に 2 倍に拡大したものが $y = 2\sin x$ である。

一般に，曲線 $y = \sin x$ のグラフを，x 軸をもとにして y 軸方向に a 倍に拡大したものが $y = a\sin x$ である。ただし $a > 0$ とする。

1次対策演習 8 ［三角関数のグラフ］ ────────── 数学Ⅱ

関数 $y = \cos 2x$ のグラフを，x 軸方向に $\dfrac{\pi}{3}$ だけ平行移動したグラフをもつ関数の式を答えなさい。

解答 ──────────────────────

このグラフを x 軸方向に $\dfrac{\pi}{3}$ だけ平行移動した関数を求めるには，

関数 $y = \cos 2x$ の式の x を $x - \dfrac{\pi}{3}$ におきかえればよいから

$$y = \cos 2\left(x - \frac{\pi}{3}\right) = \cos\left(2x - \frac{2\pi}{3}\right)$$

すなわち

$$y = \cos\left(2x - \frac{2\pi}{3}\right) \qquad\qquad \cdots\cdots(\text{答})$$

 1次対策演習 9 ［三角関数のグラフ］ ────────── 数学Ⅱ

関数 $y = \sin\left(2x - \dfrac{\pi}{2}\right)$ のグラフは，$y = \sin 2x$ のグラフをどのように移動させたものですか。また，その周期を答えなさい。

解答 ──────────────────────

与式の右辺を変形して，

$\sin\left(2x - \dfrac{\pi}{2}\right) = \sin 2\left(x - \dfrac{\pi}{4}\right)$ であるから

関数 $y = \sin\left(2x - \dfrac{\pi}{2}\right)$ のグラフは，

$y = \sin 2x$ のグラフを，x 軸方向に $\dfrac{\pi}{4}$ だけ
平行移動したものである。 $\cdots\cdots(\text{答})$

この関数の周期は π である。 $\cdots\cdots(\text{答})$

> 一般に，曲線 $y = f(x)$ を
> x 軸方向に p，
> y 軸方向に q
> 平行移動した曲線の式は，
> $$y = f(x - p) + q$$
> である。

一言コメント ────────────

三角関数 $y = \sin x$ は周期 2π の周期関数である。

三角関数 $y = \sin 2x$，$y = \sin 3x$ はそれぞれ周期 $\dfrac{2}{2}\pi = \pi$，$\dfrac{2}{3}\pi$ の周期関数である。

　次に，方程式，不等式を解く。これらは前ページまでで学んだ三角関数のグラフを利用して解くこともできるが，ここでは次の方法で解くことを考えてみよう。

　右図のような単位円について，∠AOP＝θとする。

点Pのx座標をx，y座標をyとすると

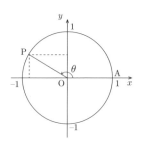

$$\sin\theta = y, \quad \cos\theta = x, \quad \tan\theta = \frac{y}{x}$$

1次対策演習10　　［三角関数の方程式・不等式］　━━━━━━ 数学II

　次の方程式，不等式を解きなさい。ただし$0 \leqq \theta < 2\pi$とします。

(1)　$\sin\theta = \dfrac{1}{2}$　　　(2)　$\sin\theta > \dfrac{1}{2}$　　　(3)　$\tan\theta = 1$　　　(4)　$\tan\theta < 1$

解答 ━━━━━━━━━━━━━━━━━━━━━━━━━━━━━━━━━━━

(1)　単位円の周上でy座標が$\dfrac{1}{2}$となる点Pは$\left(\dfrac{\sqrt{3}}{2}, \dfrac{1}{2}\right)$, $\left(-\dfrac{\sqrt{3}}{2}, \dfrac{1}{2}\right)$であり，このときの$\theta$の値は，それぞれ，$\theta = \dfrac{\pi}{6}$, $\dfrac{5}{6}\pi$である。　　　……(答)

(2)　単位円の周上でy座標が$\dfrac{1}{2}$より大きくなる点Pに対して，θの値の範囲は，$\dfrac{\pi}{6} < \theta < \dfrac{5}{6}\pi$ …(答)

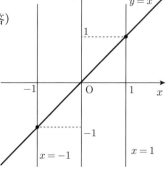

(3)　ここでは，直線$y = x$, $x = 1$, $x = -1$をかいて考える。

直線$x = 1$, $x = -1$の上で，$\tan\theta = 1$となる点Pは$(1, 1)$, $(-1, -1)$であり，このときのθの値は，それぞれ，$\theta = \dfrac{\pi}{4}$, $\dfrac{5}{4}\pi$である。…(答)

(4)　まず，$0 \leqq \theta < \dfrac{\pi}{4}$では，$\tan\theta$は1より小さくなる。

同様に，$\pi < \theta < \dfrac{5}{4}\pi$では，$\tan\theta$は1より小さい。

さらに，$\dfrac{\pi}{2} < \theta \leqq \pi$と$\dfrac{3}{2}\pi < \theta < 2\pi$で$\tan\theta$の値は負なので1より小さい。

以上により　$0 \leqq \theta < \dfrac{\pi}{4}$, 　$\dfrac{\pi}{2} < \theta < \dfrac{5}{4}\pi$, 　$\dfrac{3}{2}\pi < \theta < 2\pi$　　　　……(答)

２次対策演習３ ［三角関数と不等式］ ════════ 数学Ⅱ

$0 \leqq \theta < 2\pi$ において不等式 $2\cos\left(2\theta - \dfrac{\pi}{6}\right) > \sqrt{3}$ を満たす θ の値の範囲を求めなさい。

POINT

例えば，$\cos\theta > \dfrac{\sqrt{3}}{2}$ などと同様な方法をとれないか考えてみよう。

解答

θ の変域 $0 \leqq \theta < 2\pi$ の各辺に 2 をかけて　　　$0 \leqq 2\theta < 4\pi$

この式の各辺から $\dfrac{\pi}{6}$ を引いて　　　$-\dfrac{\pi}{6} \leqq 2\theta - \dfrac{\pi}{6} < 4\pi - \dfrac{\pi}{6}$　……①

次に，与えられた不等式の両辺を 2 で割ることにより　$\cos\left(2\theta - \dfrac{\pi}{6}\right) > \dfrac{\sqrt{3}}{2}$

この不等式と①より，単位円の周上で x 座標が $\dfrac{\sqrt{3}}{2}$ より大きくなる点Ｐを考えて

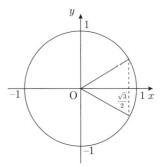

不等式の両辺に同じ数をたしたり，引いたりしても，不等号の向きは変わらない。
不等式の両辺に同じ正の数をかけたり，割ったりしても，不等号の向きは変わらない。
一般に不等式 $A < B < C$ において
$A + d < B + d < C + d$
$A - e < B - e < C - e$
$2A < 2B < 2C$

$-\dfrac{\pi}{6} < 2\theta - \dfrac{\pi}{6} < \dfrac{\pi}{6},\quad 2\pi - \dfrac{\pi}{6} < 2\theta - \dfrac{\pi}{6} < 2\pi + \dfrac{\pi}{6}$

$0 < 2\theta < \dfrac{\pi}{3},\quad 2\pi < 2\theta < 2\pi + \dfrac{\pi}{3}$

すなわち，$0 < \theta < \dfrac{\pi}{6}$　または　$\pi < \theta < \dfrac{7}{6}\pi$　　　……(答)

一言コメント

ここでは単位円を用いて考えたが，θy 平面において曲線 $y = 2\cos\left(2\theta - \dfrac{\pi}{6}\right)$ のグラフが直線 $y = \sqrt{3}$ よりも上側にある θ の値の範囲と考えることもできる。

| 第 | 5 | 節 | 三角関数の加法定理 | 数学 II |

基本事項の解説

加法定理

$$\sin(\alpha \pm \beta) = \sin\alpha\cos\beta \pm \cos\alpha\sin\beta$$
$$\cos(\alpha \pm \beta) = \cos\alpha\cos\beta \mp \sin\alpha\sin\beta$$
$$\tan(\alpha \pm \beta) = \frac{\tan\alpha \pm \tan\beta}{1 \mp \tan\alpha\tan\beta}$$

（複号同順）

　このあといくつかの公式が登場するが，それらすべての公式を暗記しようとすることはおすすめできない。まず初めに，「加法定理」を用いてこのあと出てくる公式を証明してほしい。そして，必要に応じてその都度，多くの公式を導くことができるようにしてほしい。

2倍角の公式

$$\sin 2\alpha = 2\sin\alpha\cos\alpha$$
$$\cos 2\alpha = \cos^2\alpha - \sin^2\alpha = 1 - 2\sin^2\alpha = 2\cos^2\alpha - 1$$
$$\tan 2\alpha = \frac{2\tan\alpha}{1 - \tan^2\alpha}$$

　上の「加法定理」に $\beta = \alpha$ を代入すると，この「2倍角の公式」が得られる。$\cos 2\alpha$ では，$\sin^2\alpha + \cos^2\alpha = 1$ から $\cos^2\alpha = 1 - \sin^2\alpha$ 等を用いている。

3倍角の公式

$$\sin 3\alpha = 3\sin\alpha - 4\sin^3\alpha$$
$$\cos 3\alpha = 4\cos^3\alpha - 3\cos\alpha$$
$$\tan 3\alpha = \frac{3\tan\alpha - \tan^3\alpha}{1 - 3\tan^2\alpha}$$

　$3\alpha = \alpha + 2\alpha$ と考える。上の「加法定理」に $\beta = 2\alpha$ を代入して，さらに「2倍角の公式」を用いている。

半角の公式

$$\sin^2\frac{\theta}{2} = \frac{1-\cos\theta}{2} \qquad\qquad \cos^2\frac{\theta}{2} = \frac{1+\cos\theta}{2}$$

$$\tan^2\frac{\theta}{2} = \frac{1-\cos\theta}{1+\cos\theta}$$

上の2式は，2倍角の公式 $\cos 2\alpha = 1-2\sin^2\alpha = 2\cos^2\alpha - 1$ を $\sin\alpha$，$\cos\alpha$ に関してそれぞれ解き，α を $\dfrac{\theta}{2}$ におきかえて得ることができる。3番目の式 は，上の2式と，$\tan\alpha = \dfrac{\sin\alpha}{\cos\alpha}$ を用いている。

積を和・差になおす公式

$$\sin\alpha\cos\beta = \frac{1}{2}\{\sin(\alpha+\beta) + \sin(\alpha-\beta)\}$$

$$\cos\alpha\sin\beta = \frac{1}{2}\{\sin(\alpha+\beta) - \sin(\alpha-\beta)\}$$

$$\cos\alpha\cos\beta = \frac{1}{2}\{\cos(\alpha+\beta) + \cos(\alpha-\beta)\}$$

$$\sin\alpha\sin\beta = -\frac{1}{2}\{\cos(\alpha+\beta) - \cos(\alpha-\beta)\}$$

たとえば，この一番上の式は，次の2式を辺々加えると，

$$\sin(\alpha+\beta) = \sin\alpha\cos\beta + \cos\alpha\sin\beta$$

$$\sin(\alpha-\beta) = \sin\alpha\cos\beta - \cos\alpha\sin\beta$$

$\cos\alpha\sin\beta$ が消去され，両辺を2で割ることにより得ることができる。

和・差を積になおす公式

$$\sin A + \sin B = 2\sin\frac{A+B}{2}\cos\frac{A-B}{2}$$

$$\sin A - \sin B = 2\cos\frac{A+B}{2}\sin\frac{A-B}{2}$$

$$\cos A + \cos B = 2\cos\frac{A+B}{2}\cos\frac{A-B}{2}$$

$$\cos A - \cos B = -2\sin\frac{A+B}{2}\sin\frac{A-B}{2}$$

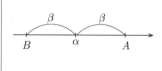

積を和・差になおす式の一番上の式において，$\alpha+\beta = A$，$\alpha-\beta = B$ とおく と，$\alpha = \dfrac{A+B}{2}$，$\beta = \dfrac{A-B}{2}$ であり，両辺に2をかけると，和・差を積にな おす式の一番上の式となる。

三角関数の合成

$$a\sin\theta + b\cos\theta = \sqrt{a^2+b^2}\,\sin(\theta+\alpha)$$

$$\text{ただし，}\quad \cos\alpha = \frac{a}{\sqrt{a^2+b^2}}\ ,\quad \sin\alpha = \frac{b}{\sqrt{a^2+b^2}}$$

右辺から左辺を導いてみよう。

$$\sqrt{a^2+b^2}\,\sin(\theta+\alpha) = \sqrt{a^2+b^2}(\sin\theta\cos\alpha + \cos\theta\sin\alpha)$$

$$= \sqrt{a^2+b^2}(\cos\alpha\sin\theta + \sin\alpha\cos\theta)$$

$$= \sqrt{a^2+b^2}(\frac{a}{\sqrt{a^2+b^2}}\sin\theta + \frac{b}{\sqrt{a^2+b^2}}\cos\theta)$$

$$= a\sin\theta + b\cos\theta$$

このように，三角関数の合成では，三角関数の加法定理の式を反対向きに使うことになる。

1次対策演習11　　[加法定理] ──────────────── 数学Ⅱ

α，β がともに鋭角で，$\sin\alpha = \dfrac{1}{6}$，$\sin\beta = \dfrac{1}{5}$ のとき，$\sin(\alpha+\beta)$ の値を求めなさい。

 解答

α，β がともに鋭角なので，$\cos\alpha > 0$，$\cos\beta > 0$

$$\cos\alpha = \sqrt{1-\left(\frac{1}{6}\right)^2} = \frac{\sqrt{35}}{6},$$

$$\cos\beta = \sqrt{1-\left(\frac{1}{5}\right)^2} = \frac{2\sqrt{6}}{5}$$

> サイン，コサイン，タンジェントのうち，1つがわかれば残りの2つを求めることができる。

よって，　$\sin(\alpha+\beta) = \sin\alpha\cos\beta + \cos\alpha\sin\beta$

$$= \frac{1}{6}\cdot\frac{2\sqrt{6}}{5} + \frac{\sqrt{35}}{6}\cdot\frac{1}{5} = \frac{2\sqrt{6}+\sqrt{35}}{30} \qquad\qquad \cdots\cdots(\text{答})$$

一言コメント

$\sin^2\theta + cos^2\theta = 1$ より，一般には $\cos\theta = \pm\sqrt{1-\sin^2\theta}$　だが，
$0 < \alpha < \dfrac{\pi}{2}$，$0 < \beta < \dfrac{\pi}{2}$　より，$\cos\alpha$，$\cos\beta$ はともに正である。

1次対策演習12 **[2倍角の公式]** **過去問題** ────── 数学II

θ が第3象限の角で，$\sin\theta = -\dfrac{3}{5}$ のとき，$\sin 2\theta$ の値を求めなさい。

解答

θ が第3象限の角なので，$\cos\theta < 0$

$$\cos\theta = -\sqrt{1 - \cos^2\theta} = -\sqrt{1 - \left(-\dfrac{3}{5}\right)^2} = -\dfrac{\sqrt{16}}{5} = -\dfrac{4}{5}$$

よって，　$\sin 2\theta = 2\sin\theta\cos\theta = 2\left(-\dfrac{3}{5}\right)\left(-\dfrac{4}{5}\right) = \dfrac{24}{25}$　　　……(答)

一言コメント

$\pi < \theta < \dfrac{3}{2}\pi$ より，$2\pi < 2\theta < 3\pi$ であるから，2θ は第1象限または第2象限の角であり，この第1象限または第2象限ではサインの値は正である。

 1次対策演習13 **[2倍角の公式]** ────── 数学II

$0 \leqq \theta < 2\pi$ において，方程式 $\sin 2\theta + \cos\theta = 0$ を解きなさい。

解答

2倍角の公式より，$\sin 2\theta = 2\sin\theta\cos\theta$

与式 $\sin 2\theta + \cos\theta = 0$ より　$2\sin\theta\cos\theta + \cos\theta = 0$

$$\cos\theta(2\sin\theta + 1) = 0$$

よって　$\cos\theta = 0$　または　$2\sin\theta + 1 = 0$

$0 \leqq \theta < 2\pi$ において　$\cos\theta = 0$　または　$\sin\theta = -\dfrac{1}{2}$ となる θ を求めると

$\cos\theta = 0$ より $\theta = \dfrac{\pi}{2},\ \dfrac{3\pi}{2}$　　　　$\sin\theta = -\dfrac{1}{2}$ より $\theta = \dfrac{7}{6}\pi,\ \dfrac{11}{6}\pi$

すなわち　$\theta = \dfrac{\pi}{2},\ \dfrac{7}{6}\pi,\ \dfrac{3\pi}{2},\ \dfrac{11}{6}\pi$　　　　　　　……(答)

一言コメント

たとえば $\sin\pi = 0$ や $\cos\dfrac{\pi}{2} = 0$ から与えられた方程式の解の1つ $\theta = \dfrac{\pi}{2}$ は勘で求められるかもしれない。しかしここでは，2倍角の公式を用いて与式を変形して，しっかり論理的にすべての解を求めてほしい。

1次対策演習14　　[三角関数の合成]　━━━━━━━ 数学II

　$\sin x - \cos x$ を $r\sin(x+\alpha)$ の形に変形しなさい。
　ただし，$r>0$，$-\pi<\alpha<\pi$ とします。

解答 ━━━━━━━━━━━━━━━━━━━━

$$\sin x - \cos x = \sqrt{2}\left(\frac{1}{\sqrt{2}}\sin x - \frac{1}{\sqrt{2}}\cos x\right)$$
$$= \sqrt{2}\left\{\sin x\cos\left(-\frac{\pi}{4}\right)+\cos x\sin\left(-\frac{\pi}{4}\right)\right\}$$
$$= \sqrt{2}\sin\left(x-\frac{\pi}{4}\right) \quad\cdots\cdots(答)$$

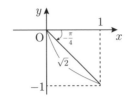

一言コメント ━━━━━━━━━━━━━━━

$\sqrt{2}$ や $-\dfrac{\pi}{4}$ の値を得るために右上のような図をかく方法もある。

1次対策演習15　　[三角関数の合成]　━━━━━━━ 数学II

　$3\sin\theta + 4\cos\theta$ を合成しなさい。

解答 ━━━━━━━━━━━━━━━━━━━━

$3^2+4^2=5^2$　より

$$\cos\alpha=\frac{3}{5},\quad \sin\alpha=\frac{4}{5}$$

とおく。このような鋭角 α を用いて

$$3\sin\theta+4\cos\theta=5\left(\frac{3}{5}\sin\theta+\frac{4}{5}\cos\theta\right)$$
$$=5(\cos\alpha\sin\theta+\sin\alpha\cos\theta)$$
$$=5(\sin\theta\cos\alpha+\cos\theta\sin\alpha)$$
$$=5\sin(\theta+\alpha) \quad\cdots\cdots(答)$$

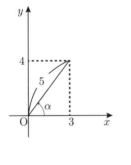

一言コメント ━━━━━━━━━━━━━━━

ここでは与式 $3\sin\theta+4\cos\theta$ の係数が，3と4なので，角 α は具体的に求めにくい。問題によっては，$1:1:\sqrt{2}$ や $1:2:\sqrt{3}$ の比を用いて，この角を求められることがある。右上のような図をかくとそのことに気がつきやすい。

［三角関数の合成］ **過去問題** ━━━━━━ 数学Ⅱ

次の問いに答えなさい。

(1) $\sqrt{3}\sin x - 3\cos x$ を $r\sin(x+\alpha)$ の形に変形しなさい。
ただし，$r>0$，$-\pi<\alpha<\pi$ とします。この問題は解法の過程を記述せずに，答えだけを書いてください。

(2) $0\leqq x\leqq\pi$ のとき，関数 $y=\sqrt{3}\sin x - 3\cos x$ の最大値と最小値，およびそのときの x の値を求めなさい。

POINT

(1) は図をかくことにより，$1:2:\sqrt{3}=\sqrt{3}:2\sqrt{3}:3$ などに気づいてほしい。

解答 ━━━━━━

(1) $y = \sqrt{3}\sin x - 3\cos x = 2\sqrt{3}\left(\dfrac{1}{2}\sin x - \dfrac{\sqrt{3}}{2}\cos x\right)$

$\qquad = 2\sqrt{3}\left\{\sin x\cos\left(-\dfrac{\pi}{3}\right) + \cos x\sin\left(-\dfrac{\pi}{3}\right)\right\}$

$\qquad = 2\sqrt{3}\sin\left(x - \dfrac{\pi}{3}\right)$

$2\sqrt{3}>0$，$-\pi<-\dfrac{\pi}{3}<\pi$ より，条件を満たす。…(答)

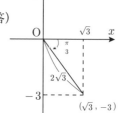

(2) (1) より，$y=2\sqrt{3}\sin\left(x-\dfrac{\pi}{3}\right)$

$0\leqq x\leqq\pi$ より $\quad -\dfrac{\pi}{3}\leqq x-\dfrac{\pi}{3}\leqq\dfrac{2}{3}\pi$

この変域において $\quad -\dfrac{\sqrt{3}}{2}\leqq\sin\left(x-\dfrac{\pi}{3}\right)\leqq 1$

$\qquad\qquad\qquad -3\leqq 2\sqrt{3}\sin\left(x-\dfrac{\pi}{3}\right)\leqq 2\sqrt{3}$

最大値 $\quad 2\sqrt{3}$ このとき，$x-\dfrac{\pi}{3}=\dfrac{\pi}{2}$，$x=\dfrac{5}{6}\pi$

最小値 $\quad -3$ このとき，$x-\dfrac{\pi}{3}=-\dfrac{\pi}{3}$，$x=0$ ……(答)

一言コメント ━━━━━━

(1) の結果 $2\sqrt{3}\sin\left(x-\dfrac{\pi}{3}\right)$ を見て $x-\dfrac{\pi}{3}=\theta$ とおくと，

$0\leqq x\leqq\pi$ すなわち $-\dfrac{\pi}{3}\leqq x-\dfrac{\pi}{3}\leqq\dfrac{2}{3}\pi$ より，(2) は，

$y=2\sqrt{3}\sin\theta\ \left(-\dfrac{\pi}{3}\leqq\theta\leqq\dfrac{2}{3}\pi\right)$ の最大値と最小値を求めればよい。

2次対策演習5　**[三角関数の合成]**　過去問題 ——————————数学II

> 次の関数の最大値と最小値をそれぞれ求めなさい。（最大値および最小値
> を求める x の値を求める必要はありません。）
>
> $$y = 5\sin^2 x + 4\sin x \cos x + 3\cos^2 x \quad (0 \leqq x \leqq \pi)$$

POINT

加法定理から導かれるいくつかの公式（p. 117～p. 118）のうち，どの公式
を使うとうまくいくか，考えてみよう。

解答

2倍角の公式より，$2\sin x \cos x = \sin 2x$

また，$\cos 2x = 1 - 2\sin^2 x = 2\cos^2 x - 1$　を変形することにより

$$\sin^2 x = \frac{1 - \cos 2x}{2}, \qquad \cos^2 x = \frac{1 + \cos 2x}{2}$$

これらを用いると，与式は次のようになる。

$$y = 5\sin^2 x + 4\sin x \cos x + 3\cos^2 x$$

$$= 5\left(\frac{1 - \cos 2x}{2}\right) + 2\sin 2x + 3\left(\frac{1 + \cos 2x}{2}\right)$$

$$= 2\sin 2x - \cos 2x + 4 = \sqrt{5}\sin(2x + \alpha) + 4$$

ただし α は $\sin\alpha = -\dfrac{1}{\sqrt{5}}$，$\cos\alpha = \dfrac{2}{\sqrt{5}}$ を満たす角。

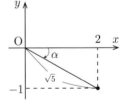

$0 \leqq x \leqq \pi$ より $0 \leqq 2x \leqq 2\pi$,

$$\alpha \leqq 2x + \alpha \leqq 2\pi + \alpha$$

$$-1 \leqq \sin(2x + \alpha) \leqq 1$$

$$-\sqrt{5} \leqq \sqrt{5}\sin(2x + \alpha) \leqq \sqrt{5}$$

$$-\sqrt{5} + 4 \leqq \sqrt{5}\sin(2x + \alpha) + 4 \leqq \sqrt{5} + 4$$

$$-\sqrt{5} + 4 \leqq y \leqq \sqrt{5} + 4$$

よって，最大値 $4 + \sqrt{5}$，最小値 $4 - \sqrt{5}$　　　　　……(答)

一言コメント

最後の段階では $A \leqq B \leqq C$ において，$\sqrt{5}A \leqq \sqrt{5}B \leqq \sqrt{5}C$ や，
$A + 4 \leqq B + 4 \leqq C + 4$ という性質を用いている。

第 **6** 章
指数関数と対数関数

第	1	節

指数と指数関数

数学 II

基本事項の解説

累乗根の性質

- $a > 0$, $b > 0$, m, n, p が正の整数のとき, $\sqrt[n]{a}\,\sqrt[n]{b} = \sqrt[n]{ab}$, $\dfrac{\sqrt[n]{b}}{\sqrt[n]{a}} = \sqrt[n]{\dfrac{b}{a}}$,

  $\left(\sqrt[n]{a}\right)^m = \sqrt[n]{a^m}$, $\sqrt[m]{\sqrt[n]{a}} = \sqrt[mn]{a}$, $\sqrt[np]{a^{mp}} = \sqrt[n]{a^m}$, $\sqrt[n]{0} = 0$

指数の拡張

- $a \neq 0$, n が正の整数のとき, $a^0 = 1$, $a^{-n} = \dfrac{1}{a^n}$

- $a > 0$, m, n が正の整数, p が正の有理数のとき

  $a^{\frac{1}{n}} = \sqrt[n]{a}$, $a^{\frac{m}{n}} = \left(\sqrt[n]{a}\right)^m = \sqrt[n]{a^m}$, $a^{-p} = \dfrac{1}{a^p}$

指数法則

- $a > 0$, $b > 0$, p, q が有理数のとき, $a^p \times a^q = a^{p+q}$, $a^p \div a^q = a^{p-q}$,

  $(a^p)^q = a^{pq}$, $(ab)^p = a^p b^p$, $\left(\dfrac{b}{a}\right)^p = \dfrac{b^p}{a^p}$

指数関数 $y = a^x$ の性質

- 定義域は実数全体, 値域は正の実数全体である。

- $a > 1$ のとき, x の値が増加すると, y の値も増加する。すなわち

  $p < q \iff a^p < a^q$

- $0 < a < 1$ のとき, x の値が増加すると, y の値は減少する。すなわち

  $p < q \iff a^p > a^q$

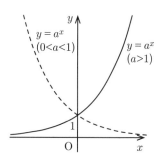

［累乗根の計算1］ ━━━━━━━━━ 数学II

次の計算をしなさい。

(1) $\sqrt[4]{27} \times \sqrt[4]{3}$ （2) $\sqrt[6]{64^3}$

(3) $\sqrt[5]{\sqrt{1024}}$ （4) $\sqrt[10]{243} \times \sqrt[6]{27}$

(5) $\sqrt[8]{(5^2)^3} \div \sqrt[4]{5}$

POINT

根号の中の数値を素因数分解してから，累乗根の性質を利用する。

(5) $\sqrt[8]{(5^2)^3} = \sqrt[4 \times 2]{5^{3 \times 2}}$ と変形してから， $\sqrt[np]{a^{mp}} = \sqrt[n]{a^m}$ を利用する。

解答

(1) $\sqrt[4]{27} \times \sqrt[4]{3} = \sqrt[4]{3^3 \times 3} = \sqrt[4]{3^4} = 3$ ……（答)

(2) $\sqrt[6]{64^3} = \left(\sqrt[6]{2^6}\right)^3 = 2^3 = 8$ ……（答)

(3) $\sqrt[5]{\sqrt{1024}} = \sqrt[5 \times 2]{2^{10}} = \sqrt[10]{2^{10}} = 2$ ……（答)

(4) $\sqrt[10]{243} \times \sqrt[6]{27} = \sqrt[2 \times 5]{3^5} \times \sqrt[2 \times 3]{3^3} = \sqrt{3} \times \sqrt{3} = 3$ ……（答)

(5) $\sqrt[8]{(5^2)^3} \div \sqrt[4]{5} = \sqrt[4 \times 2]{5^{3 \times 2}} \div \sqrt[4]{5} = \sqrt[4]{5^3} \div \sqrt[4]{5} = \sqrt[4]{5^2} = \sqrt[2 \times 2]{5^2} = \sqrt{5}$ ……（答)

POINT

累乗根を分数の指数の形で表し，指数法則を用いて計算する方法もある。

別解

(1) $\sqrt[4]{27} \times \sqrt[4]{3} = \left(3^3\right)^{\frac{1}{4}} \times 3^{\frac{1}{4}} = 3^{\frac{3}{4}} \times 3^{\frac{1}{4}} = 3^{\frac{3}{4}+\frac{1}{4}} = 3$ ……（答)

(2) $\sqrt[6]{64^3} = \left\{\left(2^6\right)^3\right\}^{\frac{1}{6}} = 2^{6 \times 3 \times \frac{1}{6}} = 2^3 = 8$ ……（答)

(3) $\sqrt[5]{\sqrt{1024}} = \left\{\left(2^{10}\right)^{\frac{1}{2}}\right\}^{\frac{1}{5}} = \left(2^{10}\right)^{\frac{1}{2} \times \frac{1}{5}} = \left(2^{10}\right)^{\frac{1}{10}} = 2$ ……（答)

(4) $\sqrt[10]{243} \times \sqrt[6]{27} = \left(3^5\right)^{\frac{1}{10}} \times \left(3^3\right)^{\frac{1}{6}} = 3^{5 \times \frac{1}{10}} \times 3^{3 \times \frac{1}{6}} = 3^{\frac{1}{2}} \times 3^{\frac{1}{2}} = 3^{\frac{1}{2}+\frac{1}{2}} = 3$

……（答)

(5) $\sqrt[8]{(5^2)^3} \div \sqrt[4]{5} = \left(5^{2 \times 3}\right)^{\frac{1}{8}} \div 5^{\frac{1}{4}} = 5^{\frac{2 \times 3}{8} - \frac{1}{4}} = 5^{\frac{1}{2}} = \sqrt{5}$ ……（答)

1次対策演習2　　［累乗根の計算2］ ────────── 数学Ⅱ

次の計算をしなさい。

(1) $\sqrt[6]{24} \times \sqrt{8} \div \sqrt[6]{3}$

(2) 過去問題　$\sqrt[3]{3}\left(\sqrt[3]{9}+\sqrt[3]{4}\right)+\sqrt[3]{2}\left(\sqrt[3]{4}-\sqrt[3]{6}\right)$

(3) $\sqrt[4]{9} \times \sqrt[3]{18} \div \sqrt[6]{12}$

解答 ───────────────────────────

(1) $\sqrt[6]{24} \times \sqrt{8} \div \sqrt[6]{3} = \left(\sqrt[6]{24} \div \sqrt[6]{3}\right) \times \sqrt{8} = \sqrt[6]{8} \times \sqrt{8}$　　　　$\boxed{\sqrt[np]{a^{mp}} = \sqrt[n]{a^m}}$

$= \sqrt[2\times3]{2^3} \times \sqrt{8} = \sqrt{2} \times \sqrt{8} = \sqrt{16} = 4$　　　……(答)

(2) $\sqrt[3]{3}\left(\sqrt[3]{9}+\sqrt[3]{4}\right)+\sqrt[3]{2}\left(\sqrt[3]{4}-\sqrt[3]{6}\right) = \sqrt[3]{27}+\sqrt[3]{12}+\sqrt[3]{8}-\sqrt[3]{12} = 3+2 = 5$

　　　　　　　　　　　　　　　　　　　　　　　　　　　　　　……(答)

(3) $\sqrt[4]{9} \times \sqrt[3]{18} \div \sqrt[6]{12} = \sqrt[2\times2]{3^2} \times \left(\sqrt[3\times2]{18^2} \div \sqrt[6]{12}\right) = \sqrt{3} \times \sqrt[6]{27}$

$= \sqrt{3} \times \sqrt[2\times3]{3^3} = \sqrt{3} \times \sqrt{3} = 3$　　　……(答)

 1次対策演習3　　［指数の計算］ ──────────── 数学Ⅱ

次の計算をしなさい。

(1) $81^{\frac{3}{4}}$　　　　　　　　　　　(2) $\left(\dfrac{64}{125}\right)^{\frac{2}{3}}$

(3) $25^2 \times 125^{-1} \div 5$　　　　(4) $4^{\frac{2}{5}} \div \sqrt[5]{512}$

POINT

素因数分解してから，指数法則を用いて計算する。

解答 ───────────────────────────

(1) $81^{\frac{3}{4}} = (3^4)^{\frac{3}{4}} = 3^{4\times\frac{3}{4}} = 3^3 = 27$　　　　　　　　　……(答)

(2) $\left(\dfrac{64}{125}\right)^{\frac{2}{3}} = \left(\dfrac{2^6}{5^3}\right)^{\frac{2}{3}} = \dfrac{2^{6\times\frac{2}{3}}}{5^{3\times\frac{2}{3}}} = \dfrac{2^4}{5^2} = \dfrac{16}{25}$　　　……(答)

(3) $25^2 \times 125^{-1} \div 5 = (5^2)^2 \times (5^3)^{-1} \div 5 = 5^{4+(-3)-1} = 5^0 = 1$　……(答)

(4) $4^{\frac{2}{5}} \div \sqrt[5]{512} = (2^2)^{\frac{2}{5}} \div (2^9)^{\frac{1}{5}} = 2^{\frac{4}{5}-\frac{9}{5}} = 2^{-1} = \dfrac{1}{2}$　　　……(答)

1次対策演習4   [指数の方程式]   数学Ⅱ

次の方程式を解きなさい。

(1) $9^x = 3^{x+2}$ (2) $4^x - 2^{x+1} - 8 = 0$

POINT

底をそろえて，$a > 0$，$a \neq 1$ のとき，　$a^p = a^q \iff p = q$　を利用する。
$a^x = t > 0$ とおいて，t の方程式を解く。

解答

(1) $9^x = 3^{x+2}$ より，$3^{2x} = 3^{x+2}$

よって　$2x = x + 2$ より，$x = 2$　……(答)

$\boxed{9^x = (3^2)^x = 3^{2x}}$

(2) $4^x - 2^{x+1} - 8 = 0$

$(2^x)^2 - 2 \cdot 2^x - 8 = 0$

$\boxed{4^x = (2^2)^x = (2^x)^2}$

$2^x = t\ (>0)$ とおくと，$t^2 - 2t - 8 = 0$

$(t+2)(t-4) = 0$

ゆえに，$t > 0$ であるから，$t = 4$

よって，$2^x = 4$ すなわち $2^x = 2^2$ より　$x = 2$　　　　　……(答)

1次対策演習5   [大小比較]   数学Ⅱ

次の数を小さいほうから順に並べなさい。

(1) $\sqrt{2}$, $\sqrt[3]{4}$, $\sqrt[4]{8}$ (2) 2^{40}, 3^{30}, 5^{20}

POINT

① 底をそろえる   ② 指数をそろえる

解答

(1) $\sqrt{2} = 2^{\frac{1}{2}}$，$\sqrt[3]{4} = 4^{\frac{1}{3}} = 2^{\frac{2}{3}}$，$\sqrt[4]{8} = 8^{\frac{1}{4}} = 2^{\frac{3}{4}}$

$\dfrac{1}{2} < \dfrac{2}{3} < \dfrac{3}{4}$ で，底が1より大きいので，$\sqrt{2} < \sqrt[3]{4} < \sqrt[4]{8}$ である。　……(答)

(2) $2^{40} = (2^4)^{10} = 16^{10}$，$3^{30} = (3^3)^{10} = 27^{10}$，$5^{20} = (5^2)^{10} = 25^{10}$

よって　$16 < 25 < 27$　より，$2^{40} < 5^{20} < 3^{30}$ である。　　　　　……(答)

2次対策演習1 [指数の不等式] ──────── 数学II

次の不等式を解きなさい。

(1) $\left(\dfrac{1}{8}\right)^x > \left(\dfrac{1}{4}\right)^{5-x}$

(2) $9^x - 6 \cdot 3^x - 27 \leqq 0$

POINT

底をそろえて，底の値が1より大きいか1より小さいかを判断し，不等号の向きに注意して，大小を比較する。

$a^x = t > 0$ とおいて，t の不等式を解く。そのとき，$t > 0$ であることに注意する。

解答

(1) $\left(\dfrac{1}{8}\right)^x = \left\{\left(\dfrac{1}{2}\right)^3\right\}^x = \left(\dfrac{1}{2}\right)^{3x}$,

$\left(\dfrac{1}{4}\right)^{5-x} = \left\{\left(\dfrac{1}{2}\right)^2\right\}^{5-x} = \left(\dfrac{1}{2}\right)^{10-2x}$ であるから，

与式は，$\left(\dfrac{1}{2}\right)^{3x} > \left(\dfrac{1}{2}\right)^{10-2x}$

底 $\dfrac{1}{2}$ が1より小さいので，$3x < 10 - 2x$

$$0 < a < 1 \text{ のとき}$$
$$a^p < a^q \Longleftrightarrow p > q$$

よって，$x < 2$　　　　　　……(答)

(2) $9^x - 6 \cdot 3^x - 27 \leqq 0$ より，$(3^x)^2 - 6 \cdot 3^x - 27 \leqq 0$

$3^x = t\ (>0)$ とおくと，$t^2 - 6t - 27 \leqq 0$

$(t+3)(t-9) \leqq 0$　　　……①

①を形式的に解くと　$-3 \leqq t \leqq 9$

ここではこれと $t > 0$ より

$0 < t \leqq 9$

よって，$0 < 3^x \leqq 3^2$

底3が1より大きいので，$x \leqq 2$　　　　　　……(答)

2次対策演習2　　［指数とルートの混ざった式］　　══════ 数学II

関数 $y=3^x+3^{-x}$ について，次の問いに答えなさい。

(1) $x \geqq 0$ のとき，$y+\sqrt{y^2-4}$ を計算しなさい。

(2) $x < 0$ のとき，$y+\sqrt{y^2-4}$ を計算しなさい。

POINT

根号の中を $(\quad)^2$ の形に変形して，x の範囲の条件で根号をはずす。

(1) $y^2-4=\left(3^x+3^{-x}\right)^2-4=(3^x)^2+2+(3^{-x})^2-4$

$\qquad = (3^x)^2-2+(3^{-x})^2=(3^x-3^{-x})^2$

$3^{-x}=\left(\dfrac{1}{3}\right)^x$ であり，

$x \geqq 0$ のとき $3^x \geqq \left(\dfrac{1}{3}\right)^x$ すなわち，$3^x \geqq 3^{-x}$ である。

よって，$3^x-3^{-x} \geqq 0$ であるから，

$$\sqrt{y^2-4}=\sqrt{(3^x-3^{-x})^2}=3^x-3^{-x}$$

したがって，$y+\sqrt{y^2-4}=2 \cdot 3^x$　　……(答)

$\boxed{\begin{array}{l} a \geqq 0 \text{ のとき} \\ \quad \sqrt{a^2}=|a|=a \end{array}}$

(2) $x < 0$ のとき $3^x < \left(\dfrac{1}{3}\right)^x$ すなわち，$3^x < 3^{-x}$ である。

よって，$3^x-3^{-x} < 0$ であるから，

$$\sqrt{y^2-4}=\sqrt{(3^x-3^{-x})^2}=3^{-x}-3^x$$

したがって，$y+\sqrt{y^2-4}=2 \cdot 3^{-x}$　　……(答)

$\boxed{\begin{array}{l} a < 0 \text{ のとき} \\ \quad \sqrt{a^2}=|a|=-a \end{array}}$

2次対策演習3　[大小比較] ─────────────── 数学 II

次の数を小さいほうから順に並べなさい。

$$3^{\frac{1}{3}}, \quad 4^{\frac{1}{4}}, \quad 5^{\frac{1}{5}}$$

POINT

① 指数をそろえる　　　② ともに r 乗する

(i) $3^{\frac{1}{3}}$ と $4^{\frac{1}{4}}$ を比較する。

$$3^{\frac{1}{3}} = 3^{\frac{2}{6}} = 9^{\frac{1}{6}}, \qquad 4^{\frac{1}{4}} = \left(2^2\right)^{\frac{1}{4}} = 2^{\frac{1}{2}} = 2^{\frac{3}{6}} = 8^{\frac{1}{6}}$$

よって $8 < 9$ より, $4^{\frac{1}{4}} < 3^{\frac{1}{3}}$ である。

(ii) $4^{\frac{1}{4}}$ と $5^{\frac{1}{5}}$ を比較する。

$$4^{\frac{1}{4}} = 2^{\frac{1}{2}} = 2^{\frac{5}{10}} = 32^{\frac{1}{10}}, \qquad 5^{\frac{1}{5}} = 5^{\frac{2}{10}} = 25^{\frac{1}{10}}$$

よって $25 < 32$ より, $5^{\frac{1}{5}} < 4^{\frac{1}{4}}$ である。

以上より $5^{\frac{1}{5}} < 4^{\frac{1}{4}} < 3^{\frac{1}{3}}$ である。　　　……(答)

(i) $3^{\frac{1}{3}}$ と $4^{\frac{1}{4}}$ を比較する。

$$\left(3^{\frac{1}{3}}\right)^6 = 3^2 = 9, \qquad \left(4^{\frac{1}{4}}\right)^6 = \left(2^2\right)^{\frac{3}{2}} = 2^3 = 8$$

> $4^{\frac{1}{4}} = 2^{\frac{1}{2}}$ である
> から6乗した。

よって $8 < 9$ より, $4^{\frac{1}{4}} < 3^{\frac{1}{3}}$ である。

(ii) $4^{\frac{1}{4}}$ と $5^{\frac{1}{5}}$ を比較する。

$$\left(4^{\frac{1}{4}}\right)^{10} = 2^5 = 32, \qquad \left(5^{\frac{1}{5}}\right)^{10} = 5^2 = 25$$

よって $25 < 32$ より, $5^{\frac{1}{5}} < 4^{\frac{1}{4}}$ である。

以上より $5^{\frac{1}{5}} < 4^{\frac{1}{4}} < 3^{\frac{1}{3}}$ である。　　　……(答)

一言コメント

$3^{\frac{1}{3}}, 4^{\frac{1}{4}}, 5^{\frac{1}{5}}$ の3数から2数をとり出して比較するとり出し方は3通りある。
この場合は $3^{\frac{1}{3}}$ と $5^{\frac{1}{5}}$ を比較する必要がなかったので比較していない。

第 2 節　対数と対数関数 数学Ⅱ

基本事項の解説

指数と対数の関係

- $a > 0,\ a \neq 1,\ M > 0$ で，p を実数とするとき，次の関係が成り立つ。

$$M = a^p \iff \log_a M = p$$

- とくに，底が10の対数を**常用対数**という。

対数の性質

- $a > 0,\ a \neq 1,\ M > 0,\ N > 0$ で，p を実数とするとき

$$\log_a 1 = 0, \qquad \log_a a = 1, \qquad \log_a a^p = p$$

$$\log_a MN = \log_a M + \log_a N$$

$$\log_a \frac{M}{N} = \log_a M - \log_a N$$

$$\log_a M^p = p \log_a M$$

$$a^{\log_a M} = M$$

底の変換公式

- $a > 0,\quad b > 0,\quad c > 0,\quad a \neq 1,\quad b \neq 1,\quad c \neq 1$ とするとき

$$\log_a b = \frac{\log_c b}{\log_c a} \qquad \text{とくに} \quad \log_a b = \frac{1}{\log_b a}$$

対数関数 $y = \log_a x$ の性質

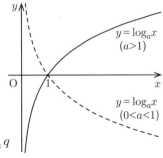

- 定義域は正の実数全体，値域は実数全体である。

- $a > 1$ のとき，x の値が増加すると，y の値も増加する。すなわち

$$0 < p < q \iff \log_a p < \log_a q$$

- $0 < a < 1$ のとき，x の値が増加すると，y の値は減少する。すなわち

$$0 < p < q \iff \log_a p > \log_a q$$

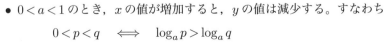

1次対策演習6 [対数の計算1] ━━━━━━━ 数学Ⅱ

次の計算をしなさい。

(1) $\log_6 2 + \log_6 18$ 　　　(2) $\log_5 \dfrac{1}{20} + 2\log_5 \dfrac{6}{5} - \log_5 9$

(3) $\log_{\sqrt{2}} 2 - \log_{\frac{1}{3}} 3$ 　　(4) 過去問題 $\log_2 6 + \log_2 24 - \log_2 36$

解答 ━━━━━━━━━━━━━━━━━━━━

(1) $\log_6 2 + \log_6 18 = \log_6 36 = 2$ 　　　　　　　……(答)

(2) $\log_5 \dfrac{1}{20} + 2\log_5 \dfrac{6}{5} - \log_5 9 = \log_5 \left\{ \dfrac{1}{20} \times \left(\dfrac{6}{5} \right)^2 \times \dfrac{1}{9} \right\} = \log_5 \left(\dfrac{1}{5} \right)^3 = -3$
　　　　　　　　　　　　　　　　　　　　　　　　　……(答)

(3) $\log_{\sqrt{2}} 2 - \log_{\frac{1}{3}} 3 = \log_{\sqrt{2}} \sqrt{2}^2 - \log_{\frac{1}{3}} \left(\dfrac{1}{3} \right)^{-1} = 2 - (-1) = 3$ 　……(答)

(4) $\log_2 6 + \log_2 24 - \log_2 36 = \log_2 \dfrac{6 \times 24}{36} = \log_2 4 = \log_2 2^2 = 2$ 　……(答)

━━━━ 1次対策演習7 [対数の計算2] ━━━━━━━ 数学Ⅱ

次の計算をしなさい。

(1) $\log_2 6 \cdot \log_6 32$ 　　　　　(2) $(\log_3 16 - \log_3 2) \cdot \log_2 27$

POINT

底の変換公式を用いて，底をそろえてから計算する。

 解答 ━━━━━━━━━━━━━━━━━━━━

(1) $\log_2 6 \cdot \log_6 32 = \log_2 6 \cdot \dfrac{\log_2 32}{\log_2 6} = \log_2 2^5 = 5$ 　　　　　……(答)

(2) $(\log_3 16 - \log_3 2) \cdot \log_2 27 = \log_3 8 \cdot \log_2 27 = \log_3 2^3 \cdot \log_2 3^3$
　　　　　　　　　　　　　$= 9 \log_3 2 \cdot \log_2 3 = 9$ 　　　　　　　……(答)

一言コメント ━━━━━━━━━━━━━━━━

等式 $\log_a b \cdot \log_b c = \log_a c$ が成り立つが，この等式は底の変換公式を用いて次のように示すことができる。

(証明)　$\log_a b \cdot \log_b c = \log_a b \cdot \dfrac{\log_a c}{\log_a b} = \log_a c$

(1) でこれを用いると $\log_2 6 \cdot \log_6 32 = \log_2 32 = 5$

(2) で使用した等式は，この等式において $a = c$ のときで，$\log_a b \cdot \log_b a = 1$

1 次対策演習 8 　　[対数の計算 3]　　　━━━━━━━━ 数学 II

$\log_{10} 2 = a$，$\log_{10} 3 = b$ とするとき，次の値を a, b を用いて表しなさい。

(1)　$\log_{10} 12$

(2)　$\log_{10} 15$

(3)　$\log_5 9$

 解答 ━━━━━━━━━━━━━━━━━━━━━━━━━━━━━━━━

(1)　$\log_{10} 12 = \log_{10}(2^2 \times 3) = 2\log_{10} 2 + \log_{10} 3 = 2a + b$　　　　……(答)

(2)　$\log_{10} 15 = \log_{10}(\underset{\smile}{5} \times 3) = \log_{10}(\underbrace{10 \div 2 \times 3})$

　　　$= 1 - \log_{10} 2 + \log_{10} 3 = 1 - a + b$ ……(答)

> $5 = 10 \div 2$　として
> $\log_{10} 2 = a$ を用いる。

(3)　$\log_5 9 = \dfrac{\log_{10} 9}{\log_{10} 5} = \dfrac{2\log_{10} 3}{1 - \log_{10} 2} = \dfrac{2b}{1 - a}$　　　　　　……(答)

1 次対策演習 9 　　[大小比較]　　　━━━━━━━━━ 数学 II

次の数を小さいほうから順に並べなさい。

(1) $2\log_{\frac{1}{3}} 3$，　$3\log_{\frac{1}{3}} 2$

(2) $\dfrac{1}{2}\log_2 16$，　$\log_4 9$

 解答 ━━━━━━━━━━━━━━━━━━━━━━━━━━━━━━━━

(1)　$2\log_{\frac{1}{3}} 3 = \log_{\frac{1}{3}} 9$，　$3\log_{\frac{1}{3}} 2 = \log_{\frac{1}{3}} 8$

$8 < 9$ で，底 $\dfrac{1}{3}$ が 1 より小さいので，$\log_{\frac{1}{3}} 9 < \log_{\frac{1}{3}} 8$

よって，$2\log_{\frac{1}{3}} 3 < 3\log_{\frac{1}{3}} 2$ である。　　　　　　……(答)

(2)　$\dfrac{1}{2}\log_2 16 = \log_2 4$，　$\log_4 9 = \dfrac{\log_2 9}{\log_2 4} = \dfrac{\log_2 3^2}{2} = \log_2 3$

よって $3 < 4$ で，底 2 が 1 より大きいので，$\log_2 3 < \log_2 4$

よって，$\log_4 9 < \dfrac{1}{2}\log_2 16$ である。　　　　　　……(答)

2次対策演習4　[対数の方程式1]　━━━━━━━━━━ 数学Ⅱ

次の方程式を解きなさい。

(1)　$\log_3(2x-3)=2$　　　　(2)　$\log_6(x^2-x-6)=1$

(3)　$\log_6(x+2)+\log_6(x-3)=1$

POINT

最初に，真数が正（真数条件）より x の値の範囲を求めよう。

 解答

(1)　真数は正より，$2x-3>0$ であるから，$x>\dfrac{3}{2}$　…①

与えられた方程式の両辺の底を3にそろえると，

$$2=2\log_3 3=\log_3 9$$

$$\log_3(2x-3)=\log_3 9$$

真数どうしを比較して，$2x-3=9$　よって　$x=6$

これは，①を満たす。　　　　　　　　　　　　　　　……(答)

(2)　真数は正より，$x^2-x-6>0$　すなわち $(x+2)(x-3)>0$ であるから，

$$x<-2,\quad 3<x\ \ \text{…②}$$

与えられた方程式の両辺の底を6にそろえると，

$$\log_6(x^2-x-6)=\log_6 6$$

真数どうしを比較して，$x^2-x-6=6$，　　$x^2-x-12=0$

$(x+3)(x-4)=0$　よって　$x=-3,4$

これらは，②を満たす。　　　　　　　　　　　　　　……(答)

(3)　真数は正より $x+2>0$ かつ $x-3>0$ であるから　$x>3$　…③

与えられた方程式の左辺を変形し，両辺の底を6にそろえると

$$\log_6(x+2)(x-3)=\log_6 6$$

真数どうしを比較して，$(x+2)(x-3)=6$，　　　$x^2-x-12=0$

$(x+3)(x-4)=0$　　　よって　$x=-3,4$

したがって③より　$x=4$　　　　　　　　　　　　　……(答)

2次対策演習5 　[対数の方程式2] ━━━━━━━━ 数学II

次の方程式を解きなさい。

(1)　$(\log_3 x)^2 - 2\log_3 x - 8 = 0$

(2)　$3(\log_5 x)^2 + \log_5 x - 2 = 0$

POINT

最初に，真数条件より，x の値の範囲を求める。

次に，$\log_a x = t$ と置き換えて，t の方程式を解く。

解答

(1)　真数は正より，$x > 0$　…①

$\log_3 x = t$ とおくと，$t^2 - 2t - 8 = 0$，　　　$(t+2)(t-4) = 0$

　　　　$t = -2,\ 4$

$t = -2$ のとき，$\log_3 x = -2$　よって　$x = 3^{-2} = \dfrac{1}{9}$

$t = \ 4$ のとき，$\log_3 x = 4$　よって　$x = 3^4 = 81$

$x = \dfrac{1}{9},\ 81$ は①を満たす。　　　　　　　　　……(答)

(2)　真数は正より，$x > 0$　…②

$\log_5 x = t$ とおくと，$3t^2 + t - 2 = 0$，　　$(3t-2)(t+1) = 0$

　　　　$t = \dfrac{2}{3},\ -1$

$t = \dfrac{2}{3}$ のとき，$\log_5 x = \dfrac{2}{3}$　よって　$x = 5^{\frac{2}{3}} = \sqrt[3]{25}$

$t = -1$ のとき，$\log_5 x = -1$　よって　$x = 5^{-1} = \dfrac{1}{5}$

$x = \sqrt[3]{25},\ \dfrac{1}{5}$ は②を満たす。　　　　　　……(答)

2次対策演習6 ［対数の不等式1］ ━━━━━━━━━━ 数学II

次の不等式を解きなさい。

(1)　$\log_{\frac{1}{3}} x > -2$

(2)　$(\log_2 x)^2 - 2\log_2 x - 3 \leqq 0$

POINT

最初に，真数条件より，x の値の範囲を求める。

次に，両辺の底の値をそろえ，底の値が 1 より大きいか 1 より小さいか

を判断し，不等号の向きに注意して，大小を比較する。

(1)　真数は正より，$x > 0$　…①

与えられた不等式の底を $\dfrac{1}{3}$ にそろえると，

$$\log_{\frac{1}{3}} x > -2\log_{\frac{1}{3}} \frac{1}{3}$$

$$\log_{\frac{1}{3}} x > \log_{\frac{1}{3}} \left(\frac{1}{3}\right)^{-2}$$

$$\log_{\frac{1}{3}} x > \log_{\frac{1}{3}} 9$$

底 $\dfrac{1}{3}$ が 1 より小さいので，$x < 9$

①より，$0 < x < 9$　　　　　　　　　　　　　……(答)

(2)　真数は正より，$x > 0$　…②

$\log_2 x = t$ とおくと，$t^2 - 2t - 3 \leqq 0$

$$(t+1)(t-3) \leqq 0$$

$$-1 \leqq t \leqq 3$$

$$-1 \leqq \log_2 x \leqq 3$$

$$\log_2 \frac{1}{2} \leqq \log_2 x \leqq \log_2 8$$

底 2 が 1 より大きいので，$\dfrac{1}{2} \leqq x \leqq 8$

これは，②を満たす。　　　　　　　　　　　　……(答)

２次対策演習7　　[桁数]　━━━━━━━━━━━━━━━━━ 数学Ⅱ

3^{123} の桁数を求めなさい。ただし，$\log_{10} 3 = 0.4771$ とします。

POINT

> 3^{123} を真数とする常用対数の値を求めよう。
>
> $$a \text{ が } n \text{ 桁の整数} \iff 10^{n-1} \leqq a < 10^n$$

（解答）

　3^{123} の常用対数をとると，　$\log_{10} 3^{123} = 123 \times \log_{10} 3 = 123 \times 0.4771 = 58.6833$

　　$58 < \log_{10} 3^{123} < 59$　　　ゆえに，　$\log_{10} 10^{58} < \log_{10} 3^{123} < \log_{10} 10^{59}$

　底は10で1より大きいので，　　　$10^{58} < 3^{123} < 10^{59}$

　よって，3^{123} は 59 桁の整数である。　　　　　　　　　　　　……(答)

（一言コメント）

$3^{123} = a \times 10^{58}$　$(1 \leqq a < 10)$ とすると，

　　　　　$\log_{10}(a \times 10^{58}) = \log_{10} 3^{123},$　　　$\log_{10} a + 58 = 0.6833 + 58$

$\log_{10} a = 0.6833$ を満たす値 a を常用対数表から求めると 3^{123} の最高位がわかる。

 ２次対策演習8　　[小数第何位]　━━━━━━━━━━━━━ 数学Ⅱ

$(0.3)^{123}$ を小数で表すと小数第何位にはじめて0でない数字が現れますか。
ただし，$\log_{10} 3 = 0.4771$ とします。

POINT

> $(0.3)^{123}$ を真数とする常用対数の値を求めよう。
>
> a は小数第 n 位にはじめて0でない数字が現れる $\iff 10^{-n} \leqq a < 10^{-n+1}$

（解答）

　$(0.3)^{123}$ の常用対数をとると，

$\log_{10}(0.3)^{123} = 123 \times \log_{10} \dfrac{3}{10} = 123 \times (0.4771 - 1) = -64.3167$　より，

　　$-65 < \log_{10}(0.3)^{123} < -64,$　　　$\log_{10} 10^{-65} < \log_{10}(0.3)^{123} < \log_{10} 10^{-64}$

底は10で1より大きいので，$10^{-65} < (0.3)^{123} < 10^{-64}$

よって，$(0.3)^{123}$ は小数第65位にはじめて0でない数字が現れる。　　……(答)

2次対策演習9 　[桁数]━━━━━━━━━━━━ 数学Ⅱ

2^n が 24 桁の整数となるような正の整数 n の値をすべて求めなさい。
ただし，$\log_{10} 2 = 0.3010$ とします。

解答━━━━━━━━━━━━━━━━━━━━━━━━━━

2^n が 24 桁の整数であるから，　　$10^{23} < 2^n < 10^{24}$

それぞれの常用対数をとると，　　$23 < \log_{10} 2^n < 24$

$$23 < n \log_{10} 2 < 24, \qquad \frac{23}{\log_{10} 2} < n < \frac{24}{\log_{10} 2}$$

$\dfrac{23}{\log_{10} 2} = \dfrac{23}{0.3010} = 76.4\cdots, \quad \dfrac{24}{\log_{10} 2} = \dfrac{24}{0.3010} = 79.7\cdots$　であるから，

$76.4 < n < 79.7$　　　これを満たす正の整数 n の値は，$n = 77, 78, 79$ ……(答)

 2次対策演習10 　[常用対数と不等式] 　過去問題 ━━━━━━━ 数学Ⅱ

$\log_{10} 2 = 0.3010$，$\log_{10} 3 = 0.4771$ として，次の問いに答えなさい。

(1) $\log_{10} 108$ の値を求めなさい。

(2) n を正の整数とします。(1) で求めた値を用いて，次の不等式を満たす
最小の n の値を求めなさい。

$$(1.08)^{\frac{n}{12}} > 3$$

解答━━━━━━━━━━━━━━━━━━━━━━━━━━

(1) 108 を素因数分解すると，$108 = 2^2 \times 3^3$ であるから，

$\log_{10} 108 = \log_{10}(2^2 \times 3^3) = 2\log_{10} 2 + 3\log_{10} 3$

$\qquad\qquad = 2 \times 0.3010 + 3 \times 0.4771 = 0.6020 + 1.4313 = 2.0333$　　……(答)

(2) $(1.08)^{\frac{n}{12}} > 3$ 　…① を満たす最小の n の値を求める。

①の両辺の常用対数をとると，　　$\log_{10}(1.08)^{\frac{n}{12}} > \log_{10} 3$

$\dfrac{n}{12} \log_{10} \dfrac{108}{100} > \log_{10} 3$

$\dfrac{n}{12} (\log_{10} 108 - \log_{10} 100) > \log_{10} 3$

$\dfrac{n}{12} (2.0333 - 2) > 0.4771$

$\dfrac{n}{12} \times 0.0333 > 0.4771$

$n > 0.4771 \times 12 \div 0.0333 = 171.9\cdots$ より，求める最小の値は $n = 172$ …(答)

［大小比較］　　　　　　　　　　　　　　　　　　　　数学II

次の数を小さいほうから順に並べなさい。

$$4^{14}, \ 5^{12}, \ 7^{10}$$

ただし，$\log_{10} 2 = 0.3010$，　$\log_{10} 7 = 0.8451$ とします。

解答

それぞれの常用対数をとると

$$\log_{10} 4^{14} = 14 \log_{10} 2^2 = 28 \log_{10} 2 = 28 \times 0.3010 = 8.428$$

$$\log_{10} 5^{12} = 12 \log_{10} \frac{10}{2} = 12(1 - \log_{10} 2) = 12 \times (1 - 0.3010) = 8.388$$

$$\log_{10} 7^{10} = 10 \log_{10} 7 = 10 \times 0.8451 = 8.451$$

よって　　$\log_{10} 5^{12} < \log_{10} 4^{14} < \log_{10} 7^{10}$

したがって，底 10 が 1 より大きいので，$5^{12} < 4^{14} < 7^{10}$ である。　……(答)

一言コメント

指数がすべて偶数なので，次のように指数をすべて 2 にそろえて底の大小を比較するという方法もある。

$$4^{14} = (4^7)^2, \qquad 5^{12} = (6^6)^2, \qquad 7^{14} = (7^5)^2$$

　[対数関数のグラフ] ───────── 数学Ⅱ

曲線 $C_1: y = \log_2 x$ を y 軸をもとに x 軸方向に3倍に拡大した曲線 C_2 と，曲線 C_1 を y 軸方向に a だけ平行移動した曲線 C_3 が一致するとします。曲線 C_2 の方程式と a の値を求めなさい。

POINT

曲線 $y = f(x)$ に対して，$y = f\left(\dfrac{x}{3}\right)$ や $y = f(x) + a$ はどのようなグラフになるだろうか。

曲線 C_2 は，曲線 $C_1: y = \log_2 x$ を y 軸をもとに x 軸方向に3倍に拡大すればよいから，$y = \log_2 \dfrac{x}{3}$ ……①

これが曲線 C_2 の方程式である。

一方，曲線 C_3 は，曲線 $C_1: y = \log_2 x$ を y 軸方向に a だけ平行移動すればよいから，$y = \log_2 x + a$ ……②

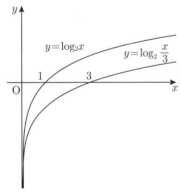

①と②が一致するから
$$\log_2 \frac{x}{3} = \log_2 x + a$$
$$\log_2 x - \log_2 3 = \log_2 x + a$$
$$a = -\log_2 3$$

すなわち，　曲線 $C_2: y = \log_2 \dfrac{x}{3}$，　　$a = -\log_2 3$……(答)

一言コメント

一般に，曲線 $y = f(x)$ に対して，
$y = f\left(\dfrac{x}{3}\right)$ のグラフは，y 軸をもとに x 軸方向に3倍に拡大したもので，
$y = f(x) + a$ のグラフは，y 軸方向に a だけ平行移動したものである。
たとえば三角関数では，
$y = \sin x$ に対して，$y = \sin \dfrac{x}{3}$ のグラフは y 軸をもとに x 軸方向に3倍に拡大したもので，$y = \sin x$ の周期 2π に対して，$y = \sin \dfrac{x}{3}$ の周期は 6π である。

[指数関数・対数関数] ━━━━━━━ 数学II

> x, y がそれぞれすべての実数の値をとるとき，次の z の最小値とそのときの x, y の値を求めなさい。$z = 3^x(3^x - 2^{y+1}) + 4^y(4^y - 15) + 100$

POINT

> まず，3^x や 2^y をそれぞれ一つの文字とみて整理してみよう。

解答

与式を変形して，

$$z = (3^x)^2 - 2 \cdot 3^x \cdot 2^y + (4^y)^2 - 15 \cdot 4^y + 100$$

$\boxed{(2^y)^2 = (2^2)y = 4^y \text{である。}}$

$$= (3^x - 2^y)^2 - (2^y)^2 + (4^y)^2 - 15 \cdot 4^y + 100$$

$$= (3^x - 2^y)^2 + (4^y)^2 - 16 \cdot 4^y + 100$$

$$= (3^x - 2^y)^2 + (4^y - 8)^2 - 64 + 100$$

$$= (3^x - 2^y)^2 + (4^y - 8)^2 + 36$$

よって，$3^x - 2^y = 0$，$4^y - 8 = 0$ のとき z は最小値 36 となる。

このとき，$y = \log_4 8 = \dfrac{3}{2}$　　$3^x = 2^{\frac{3}{2}}$ より $x = \log_3 2^{\frac{3}{2}} = \dfrac{3}{2}\log_3 2$ …(答)

一言コメント

A, B がそれぞれすべての実数で，$z = A^2 + B^2$ ならば，

　　$z \geqq 0$ であり，

　　　　等号が成立するのは，$A = 0$，$B = 0$ のときである。

この性質を使えるように，上の解答では，先に 3^x に着目して平方完成をした。

また，$3^x = a$，$2^y = b$ とおくと式変形は次のようになる。$(a > 0,\ b > 0)$

$$z = a^2 - 2 \cdot a \cdot b + (b^2)^2 - 15 \cdot b^2 + 100$$

$$= (a - b)^2 - b^2 + b^4 - 15 \cdot b^2 + 100$$

$$= (a - b)^2 + b^4 - 16 \cdot b^2 + 100$$

$$= (a - b)^2 + (b^2 - 8)^2 - 64 + 100$$

$$= (a - b)^2 + (b^2 - 8)^2 + 36$$

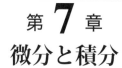

第7章
微分と積分

第 1 節 微分係数と導関数   数学 II

基本事項の解説

　関数 $f(x)$ において，x が a と異なる値をとりながら限りなく a に近づくとき，$f(x)$ が値 b に限りなく近づくならば，$\lim_{x \to a} f(x) = b$ と表し，この値 b を x が a に近づくときの $f(x)$ の**極限値**という。

　例えば，$\lim_{x \to 1} (x+2)^2 = 9$ は，x が 1 と異なる値をとりながら限りなく 1 に近づくと，$(x+2)^2$ は 9 に限りなく近づくという意味である。$x = 1.1, 1.01, 1.001, \cdots$ とすると，$(x+2)^2$ は $3.1^2, 3.01^2, 3.001^2, \cdots$ のように，9 に限りなく近づく。

　これは，$\lim_{h \to 1} (h+2)^2 = 9$ のように別の文字で書いてもよい。

微分係数

関数 $y = f(x)$ の $x = a$ における**微分係数** $f'(a)$ は次の式で定義される値である。

$$f'(a) = \lim_{h \to 0} \frac{f(a+h) - f(h)}{h}$$

　値 a を決めるとそれに伴い微分係数 $f'(a)$ がただ一つに決まるから，a を変数とみれば，$f'(a)$ は変数 a の関数である。この関数を**導関数**といい，$f'(x)$ と表す。

　導関数を求めることを**微分する**という。

導関数

関数 $y = f(x)$ の導関数 $f'(x)$ は次の式で定義される関数である。

$$f'(x) = \lim_{h \to 0} \frac{f(x+h) - f(x)}{h}$$

例えば，関数 $f(x) = x^3$ の導関数が $f'(x) = 3x^2$ となることを導関数の定義から導くと

$$f'(x) = \lim_{h \to 0} \frac{f(x+h) - f(x)}{h} = \lim_{h \to 0} \frac{(x+h)^3 - x^3}{h} = \lim_{h \to 0} \frac{x^3 + 3x^2h + 3xh^2 + h^3 - x^3}{h}$$

$$= \lim_{h \to 0} \frac{3x^2h + 3xh^2 + h^3}{h} = \lim_{h \to 0} (3x^2 + 3xh + h^2) = 3x^2$$

---

x^n の導関数

$y = a$ について　　$y' = 0$　　　　　（ただし，a は定数）

$y = x^n$ について　$y' = nx^{n-1}$　（ただし，n は正の整数）

定数倍・和・差の導関数

$\{af(x)\}' = af'(x)$　　　　　　（ただし，a は定数）

$\{f(x) \pm g(x)\}' = f'(x) \pm g'(x)$　（ただし，複号同順）

例えば，関数 $y = x^3 - 8x + 7$ を微分すると，

$$y' = (x^3 - 8x + 7)' = (x^3)' - (8x)' + (7)' = 3x^2 - 8 \cdot 1 + 0 = 3x^2 - 8$$

また，関数 $y = x(x-1)(x-2)$ を微分するには，$y = x^3 - 3x^2 + 2x$
と展開したあと微分して，　　$y' = 3x^2 - 6x + 2$

接線の方程式

曲線 $y = f(x)$ 上の点 $\mathrm{A}(a, f(a))$ における接線の傾きは微分係数 $f'(a)$ に一致して，接線の方程式は

$$y = f'(a)(x-a) + f(a)$$

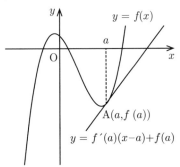

$y = f(x)$

$\mathrm{A}(a, f(a))$

$y = f'(a)(x-a) + f(a)$

接線の方程式 $y = f'(a)(x-a) + f(a)$ は，高校の教科書や公式集等において

$$y - f(a) = f'(a)(x-a)$$

と表してあることがある。$f(a)$ を移項すれば同じことを表す。

 1次対策演習1 ［導関数と微分係数］ **過去問題** ━━━━━━━━ 数学Ⅱ

> 関数 $f(x) = 6x^2 - x$ について，次の問いに答えなさい。
> (1) 導関数 $f'(x)$ を求めなさい。
> (2) 微分係数 $f'\left(-\dfrac{1}{2}\right)$ を求めなさい。

解答 ━━━━━━━━━━━━━━━━━━━━━━━━━━━━━━

(1) $f'(x) = 6 \cdot 2x - 1 = 12x - 1$ 　　　　　　……（答）

(2) $f'\left(-\dfrac{1}{2}\right) = 12\left(-\dfrac{1}{2}\right) - 1 = -6 - 1 = -7$ 　　……（答）

一言コメント ┤

前のページでは微分係数から導関数を説明したが，このように，導関数を求めたあと，微分係数を求めることができる。

 1次対策演習2 ［接線の方程式］ ━━━━━━━━━━━ 数学Ⅱ

> $f(x) = x^2 + bx + 4$ において，曲線 $y = f(x)$ が点 A$(2,2)$ を通るとき，定数 b の値を求め，点 A における接線の方程式を求めなさい。

解答 ━━━━━━━━━━━━━━━━━━━━━━━━━━━━━━

まず $f(2) = 2$ より　$4 + 2b + 4 = 2$, 　　$b = -3$ 　　……（答）
$f(x)$ を微分して　$f'(x) = 2x + b = 2x - 3$, 　$f'(2) = 4 - 3 = 1$
接線の方程式は　$y = 1 \cdot (x-2) + 2$
すなわち　$y = x$ 　　　　　　　　　　　　　　　　……（答）

一言コメント ┤

先に $f(x)$ を微分しても解くことはできるが，この例においては，まず定数 b の値を求めて，$f(x)$ の式がわかった状態にした方が考えやすい。

2次対策演習1 [接線の方程式] ━━━━━━━━━━━ 数学II

点 $A(1, -3)$ から曲線 $y = x^2$ に引いた接線の方程式と，接点の座標を求めなさい。

POINT

前問のように接点の座標が与えられていれば易しいが，接点の座標がわからない場合は，どう考えたらよいだろうか。

解答

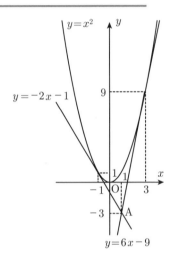

$y = x^2$ を微分すると　$y' = 2x$

接点の座標を $B(b, b^2)$ とおく。

接線の方程式は　$y = 2b(x - b) + b^2$

$$y = 2bx - b^2 \qquad \cdots\cdots① $$

この直線が点 $A(1, -3)$ を通るから

$$-3 = 2b \cdot 1 - b^2$$

$$b^2 - 2b - 3 = 0$$

$$(b + 1)(b - 3) = 0$$

$$b = -1,\ 3$$

接点の座標と，①から接線の方程式を求めると

$b = -1$ のとき　接点 $(-1, 1)$　接線の方程式は $y = -2x - 1$

$b = 3$ 　のとき　接点 $(3, 9)$　　接線の方程式は $y = 6x - 9$　　　$\cdots\cdots$(答)

一言コメント

接点の座標がわからない場合は，このように接点の座標を (b, b^2) のように文字でおくとよい。グラフをかけば接線が2本あることに気づく。
第4章で学んだ円の接線でも同様な考え方をした。

2次対策演習2　［共通接線］ ━━━━━━━━━━━━ 数学II

2曲線 $y=-x^2+2$, $y=x^2-2x+3$ の共通接線の方程式を求めなさい。

POINT

接点の x 座標をそれぞれ a, b などとおいて，2つの接線の方程式を求め，この2つの接線の方程式の関係がどうなっているか考えよう。

解答

まず $f(x)=-x^2+2$, $g(x)=x^2-2x+3$ とおき，曲線 $y=f(x)$, $y=g(x)$ 上の接点をそれぞれ P$(a, -a^2+2)$, Q(b, b^2-2b+3) とおく。

次に $f'(x)=-2x$, $g'(x)=2x-2$ より，点 P，Q におけるそれぞれの接線の方程式は，

$$y=-2a(x-a)-a^2+2 \quad \text{より} \qquad y=-2ax+a^2+2$$

$$y=(2b-2)(x-b)+b^2-2b+3 \quad \text{より} \quad y=2(b-1)x-b^2+3$$

求める共通接線は，この2式が一致したものだから

$$-2ax+a^2+2=2(b-1)x-b^2+3 \qquad \cdots\cdots①$$

①はすべての実数に関して成立するから，恒等式の性質を考える。

係数を比較して　$-2a=2(b-1)$,　　$a^2+2=-b^2+3$

これを解くと　$a=1, b=0$　または　$a=0, b=1$

共通接線の方程式は　$y=-2x+3$,　$y=2$ 　　　　　$\cdots\cdots$(答)

一言コメント

前問と同様に，問題を解く前にグラフをかいてみれば，共通接線も2本あることに気づくことができる。

別解として，一方の接線の方程式を求め，他方の2次関数に接する（判別式 $D=0$）として求めることもできる。

本問題では $y=-2ax+a^2+2$ が $y=x^2-2x+3$ に接するから，y を消去して $x^2-2x+3=-2ax+a^2+2$ つまり $x^2+(2a-2)x-a^2+1=0$

判別式 D とすると

$$D/4=(a-1)^2-(-a^2+1)=2a^2-2a=2a(a-1)=0 \qquad \text{よって } a=0, 1$$

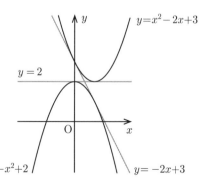

第 2 節　グラフの概形と最大・最小 数学Ⅱ

基本事項の解説

　関数 $f(x)$ について，導関数 $f'(x)$ の符号（正か負か）を調べることにより関数 $f(x)$ の増減がわかる。増減がわかれば，グラフの概形をかくことができる。

$f'(x)$ の符号と関数の増減

$f'(x) > 0$ となる x の区間では，$f(x)$ は増加する。

$f'(x) < 0$ となる x の区間では，$f(x)$ は減少する。

　関数 $y = f(x)$ のグラフの概形を調べるには次の手順で増減表をかくとよい。

1. 導関数 $f'(x)$ を求める。
2. $f'(x) = 0$ となる実数 x を求め，x の行（1行目）にかく。
3. $f'(x)$ が正か負か0かを調べ，$f'(x)$ の行（2行目）にかく。
4. $f'(x)$ が正の区間には矢印↗を，負の区間には矢印↘を，$f'(x) = 0$ のときにはその x に対する $f(x)$ の値を，それぞれの $f(x)$ の行（3行目）にかく。

※ 具体的には，次ページ以降の対策演習の増減表の，1, 2, 3行目参照。

極大値と極小値

$f'(x) = 0$ となる x を a, b $(a < b)$ としよう。

$x = a$ を境にして関数 $f(x)$ は増加から減少に移る場合，

　「関数 $f(x)$ は $x = a$ で極大になる」といい，値 $f(a)$ を極大値という。

$x = b$ を境にして関数 $f(x)$ は減少から増加に移る場合，

　「関数 $f(x)$ は $x = b$ で極小になる」といい，値 $f(b)$ を極小値という。

　極大値と極小値をあわせて極値という。ここで扱う関数では，極値となる $x = x_0$ において，$f'(x_0) = 0$ が成り立つ。

　ただし，逆は必ずしも成り立たないことに注意しよう。

　例えば，関数 $f(x) = x^3$ は $f'(x) = 3x^2$ なので，$x = 0$ で $f'(x) = 0$ となる。

　しかし，$x = 0$ の前後で導関数 $f'(x)$ の符号は変わらず，関数 $f(x)$ の増減は変わらない。よって $x = 0$ で極値とならない。

1次対策演習3　　[関数の増減]　　━━━━━━━━━━━━━━━　数学II

関数 $f(x) = x^3 - 3x$ の増減を調べなさい。

解答 ━━━━━━━━━━━━━━━━━━━━━━━━━━

$$f'(x) = 3x^2 - 3 = 3(x+1)(x-1)$$

これが 0 となる x は $x = \pm 1$ であり，
増減表は次のようになる。

x	$\cdots$	-1	$\cdots$	1	$\cdots$
$f'(x)$	$+$	0	$-$	0	$+$
$f(x)$	↗	2 極大	↘	-2 極小	↗

関数 $f(x)$ は

$x \leqq -1,\ 1 \leqq x$ のとき，増加

$-1 \leqq x \leqq 1$ 　　のとき，減少

する。

一言コメント ━━━━━━━━━━━━━━━━━━━━━━━

グラフは右の図のようになる。

もしも極値を求める問題であれば

$x = -1$ のとき極大値 2，

$x = 1$ 　のとき極小値 -2

となる。

もしも x 軸との共有点の x 座標を
求める必要があるときは，方程式
$x^3 - 3x = 0$ を解くことにより，
$x = -\sqrt{3},\ 0,\ \sqrt{3}$ が得られる。

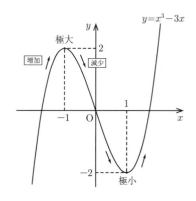

１次対策演習4 ［極大値・極小値］ ━━━━━━━━━ 数学II

　関数 $f(x) = x^4 - 4x^3 + 8x^2 - 8x + 5$ について，極値を求めなさい。

解答 ━━━━━━━━━━━━━━━━━━━━━━━━━━━━━━━

微分して，$f'(x) = 4x^3 - 12x^2 + 16x - 8$
$$= 4(x^3 - 3x^2 + 4x - 2)$$
$$= 4(x-1)(x^2 - 2x + 2)$$

$x^2 - 2x + 2 = (x-1)^2 + 1 > 0$ だから，

$f'(x) = 0$ となる実数は $x = 1$ のみである。

増減表は右のようになる。

x	$\cdots$	1	$\cdots$
$f'(x)$	$-$	0	$+$
$f(x)$	↘	2	↗

　　　　$x = 1$ のとき極小値2，極大値なし。　　　　　……（答）

一言コメント ━━━━━━━━━━━━━━━━━━━━━━━━━━━

極大値・極小値は必ずしも存在するとは限らない。

 １次対策演習5 ［極値を求める］ ━━━━━━━━━ 数学II

　関数 $f(x) = x^3 - 3x^2 + 3x - 1$ の極値があれば求めなさい。

解答 ━━━━━━━━━━━━━━━━━━━━━━━━━━━━━━━

微分して $f'(x) = 3x^2 - 6x + 3 = 3(x-1)^2$

$f'(x) = 0$ となる x は $x = 1$

増減表は次のようになる。

x	$\cdots$	1	$\cdots$
$f'(x)$	$+$	0	$+$
$f(x)$	↗	0	↗

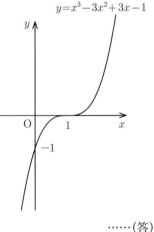

$y = x^3 - 3x^2 + 3x - 1$

$x = 1$ の前後で，導関数 $f'(x)$ の符号は正の
まま変わらず，

関数 $f(x)$ の増減は増加のまま変わらない。

よって $x = 1$ で極値とならない。

したがって，この関数 $f(x)$ の極値は存在しない。　　　　……（答）

一言コメント ━━━━━━━━━━━━━━━━━━━━━━━━━━━

$f(x) = (x-1)^3$ と変形でき，グラフは上の図のようになる。

2次対策演習3　　［最大値・最小値］　　━━━━━━━━━━ 数学II

関数 $f(x) = x^3 - 3x^2 + 5$ について，$y = f(x)$ のグラフの概形をかきなさい。また，$-2 \leqq x \leqq 2$ における関数 $f(x)$ の最大値と最小値およびそのときの x の値を求めなさい。

POINT

> 関数 $f(x)$ の定義域に，$-2 \leqq x \leqq 2$ という制限があるとき，
> グラフの端点や極大，極小となる点に着目してみよう。

 解答

微分して $f'(x) = 3x^2 - 6x = 3x(x-2)$

$f'(x) = 0$ となる x は $x = 0, 2$

増減表は次のようになる。

x	$\cdots$	0	$\cdots$	2	$\cdots$
$f'(x)$	$+$	0	$-$	0	$+$
$f(x)$	$\nearrow$	5	$\searrow$	1	$\nearrow$

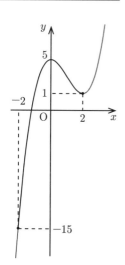

グラフの概形は右のようになる。

また，定義域を $-2 \leqq x \leqq 2$ に制限すると端点での値は，$f(-2) = -15$，$f(2) = 1$

すなわち，$x = 0$ のとき　　最大値 5

$\qquad\qquad x = -2$ のとき　最小値 -15　　　……(答)

 一言コメント

左端の端点 $(-2, -15)$ での y 座標 -15 と極小となる点 $(2, 1)$ での y 座標 1 を比較して，-15 の方が小さいから -15 が最小値となる。

［最大値・最小値］ ━━━━━━━━━━ 数学Ⅱ

> x に関する3次方程式 $x^3-3x-k=0$ について，異なる実数解を2個以上
> もつような定数 k の値の範囲を求めなさい。

POINT

> 与式を x の関数とみて，xy 平面での曲線を考えたとき，
> 性質の異なる文字 x と k をどのように扱えばよいだろうか。

解答

　この方程式は，$x^3-3x=k$ と変形することができる。

　異なる実数解の個数は，曲線 $y=x^3-3x$ と直線 $y=k$ との共有点の個数に一致する。

　ここで $f(x)=x^3-3x$ とおき，$f'(x)=3x^2-3=3(x-1)(x+1)$

　$f'(x)=0$ となるのは $x=-1$, $x=1$ のとき
であるから，$f(x)$ の増減表とグラフは次の
ようになる。

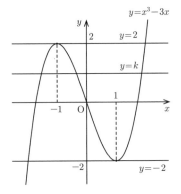

x	$\cdots$	-1	$\cdots$	1	$\cdots$
$f'(x)$	$+$	0	$-$	0	$+$
$f(x)$	↗	2 極大	↘	-2 極小	↗

　よって，3次方程式 $x^3-3x-k=0$ は，

$$k<-2,\ 2<k\ \text{のとき1個,}$$
$$k=\pm2\ \text{のとき2個,}$$
$$-2<k<2\ \text{のとき3個}$$

の異なる実数解をもつから，異なる実数解を
2個以上もつような定数 k の値の範囲は　$-2\leqq k\leqq 2$ ……（答）

一言コメント

　3次方程式 $x^3-3x-k=0$ の左辺全体を $f(x)$ とおいてこの曲線 $y=f(x)$ と
x 軸の共有点の個数で考えてもよいが，このように曲線 $y=x^3-3x$ を固定して
直線 $y=k$ との共有点で考えた方が考えやすい。

2次対策演習5　[文章問題]　──────────────── 数学II

縦の長さが50cm，横の長さが80cmの長方形のうすいプラスチック板があ
ります。この四隅から同じ大きさの正方形を切り取って，左図の点線部分
を折り曲げることによって右図のような箱を作ります。このとき，切り取
る正方形の1辺の長さをいくらにすれば，箱の体積が最大になりますか。

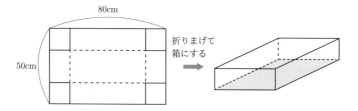

POINT

体積を求めるためにまず式を立てることを考えよう。何を変数にすれ
ばよいだろうか。また，その変域はどうなるだろうか。

切り取る正方形の1辺の長さを$x\,\mathrm{cm}$，体積を表す関数を$V(x)\,\mathrm{cm}^3$とする。

プラスチック板の縦，横の長さより大きい正方形は切り取ることができない
から，　$0 < 2x < 50$ かつ $0 < 2x < 80$ より　$0 < x < 25$

$$V(x) = x(50 - 2x)(80 - 2x) = 4x^3 - 260x^2 + 4000x$$

xで微分すると

$$V'(x) = 12x^2 - 520x + 4000 = 4(3x^2 - 130x + 1000)$$
$$= 4(3x - 100)(x - 10)$$

$0 < x < 25$で$V'(x) = 0$となるのは
$x = 10$のときで，増減表は右のよう
になる。

x	0	$\cdots$	10	$\cdots$	25
$V'(x)$		$+$	0	$-$	
$V(x)$		$\nearrow$	18000	$\searrow$	

　よって，$V(x)$は$x = 10\,\mathrm{cm}$のと
き，最大値$18000\,\mathrm{cm}^3$となる。

　すなわち，体積を最大にするには切り取る正方形の1辺の長さを$10\,\mathrm{cm}$にす
ればよい。　　　　　　　　　　　　　　　　　　　　　　　　　……(答)

第 3 節　不定積分と定積分　　　数学Ⅱ

基本事項の解説

関数 $f(x)$ に対して，微分すると $f(x)$ になる関数，すなわち

$$F'(x) = f(x)$$

となる関数 $F(x)$ を $f(x)$ の**原始関数**という。

例えば，$(x^3)' = 3x^2$, $(x^3+1)' = 3x^2$ であるから，$F(x) = x^3$, $F(x) = x^3 + 1$ はいずれも $f(x) = 3x^2$ の原始関数である。この例からもわかるように，$f(x)$ の原始関数は無数にあるが，異なるのは定数の部分だけである。よって，$f(x)$ の任意の原始関数は，1 つの原始関数 $F(x)$ を用いて，$F(x) + C$（ただし C は定数）と表される。これを $f(x)$ の**不定積分**といい，$\int f(x)dx$ と表す。

不定積分
$$F'(x) = f(x) \text{ のとき，} \quad \int f(x)dx = F(x) + C$$

関数 $f(x)$ の不定積分を求めることを $f(x)$ を**積分する**といい，この定数 C を**積分定数**という。

x^n の不定積分
$$\int x^n dx = \frac{1}{n+1}x^{n+1} + C \quad （C は積分定数）$$

定数倍・和・差の不定積分
$$\int af(x)dx = a\int f(x)dx \quad （a は定数）$$
$$\int \{f(x) \pm g(x)\}dx = \int f(x)dx \pm \int g(x)dx \quad （複号同順）$$

例えば，不定積分 $\int (2x^2 - 7)dx$ を求めると

$$\int (2x^2 - 7)dx = \frac{2}{3}x^3 - 7x + C \quad （C は積分定数）$$

関数 $f(x)$ の不定積分の 1 つを $F(x)$ とするとき，実数 a,b に対して，$F(b)-F(a)$ を $f(x)$ の a から b までの定積分といい，次のように表す。

定積分

$$\int_a^b f(x)dx = \Big[F(x)\Big]_a^b = F(b)-F(a)$$

定積分の性質

$$\int_a^a f(x)dx = 0 \qquad \int_a^b f(x)dx = -\int_b^a f(x)dx$$

$$\int_a^b f(x)dx = \int_a^c f(x)dx + \int_c^b f(x)dx \quad （ただし，a,b,c は定数）$$

一般に関数 $f(x)$ において，

$f(-x) = -f(x)$ が成り立つとき $f(x)$ を奇関数（グラフは原点について対称），

$f(-x) = \quad f(x)$ が成り立つとき $f(x)$ を偶関数（グラフは y 軸について対称）

という。

奇関数，偶関数の定積分

$$f(x) が奇関数：\int_{-a}^a f(x)dx = 0, \quad f(x) が偶関数：\int_{-a}^a f(x)dx = 2\int_0^a f(x)dx$$

例えば，この性質を用いると次のように計算できる。

$$\int_{-2}^2 (x^3 - 3x^2 + 5x + 3)dx = 2\int_0^2 (-3x^2 + 3)dx = 2\Big[-x^3 + 3x\Big]_0^2 = 2(-8+6) = -4$$

微分と積分の関係

$$\frac{d}{dx}\int_a^x f(t)dt = f(x) \quad （ただし，a は定数）$$

左辺の定積分 $\int_a^x f(t)dt$ は，積分区間の上端である 1 つの x に対応して，定積分の値が 1 つ定まるから，x についての関数である。それを x で微分すると $f(x)$ になるということがこの式の意味である。

次のような計算では，被積分関数 $f(t)$ の不定積分を求める必要はない。例えば次のようになる。$\dfrac{d}{dx}\displaystyle\int_1^x (t^3 - 4t + 1)dt = x^3 - 4x + 1$

1次対策演習6 ［不定積分・定積分］ 過去問題 ━━━━━━━ 数学II

次の問いに答えなさい。

(1) 次の不定積分を求めなさい。 $\displaystyle\int (x^2 - 2x)dx$

(2) 次の定積分を求めなさい。 $\displaystyle\int_0^1 (x^2 - 2x)dx$

 解答 ━━━━━━━━━━━━━━━━━━━━━━━━━━━━━━━━

(1) $\displaystyle\int (x^2 - 2x)dx = \dfrac{1}{3}x^3 - x^2 + C$ （C は積分定数） ……(答)

(2) $\displaystyle\int_0^1 (x^2 - 2x)dx = \left[\dfrac{1}{3}x^3 - x^2\right]_0^1 = \dfrac{1}{3} - 1 = -\dfrac{2}{3}$ ……(答)

一言コメント ━━━━━━━━━━━━━━━━━━━━━━━━━━━━━━

不定積分には積分定数 C が必須であるが，定積分の計算では積分定数 C のとり方によらないため，C は省略する。

不定積分では，得られた関数を微分することにより検算をすることができる。

1次対策演習7 ［微分と積分の関係］ ━━━━━━━━━ 数学II

等式 $\displaystyle\int_k^x f(t)dt = x^2 - 5x - 6$ を満たすような関数 $f(x)$ と定数 k の値を求めなさい。

 解答 ━━━━━━━━━━━━━━━━━━━━━━━━━━━━━━━━

与式の両辺を x で微分すると $f(x) = 2x - 5$

与式の変数 x に k を代入すると，与式の左辺は 0 になるから

$$k^2 - 5k - 6 = 0$$

これを解くと $(k+1)(k-6) = 0$ よって $k = -1, 6$ ……(答)

一言コメント ━━━━━━━━━━━━━━━━━━━━━━━━━━━━━

解答の2行目は，与式の変数 x に k を代入して，定積分の性質

$\displaystyle\int_k^k f(x)dx = 0$ を使っている。

2次対策演習6 ［導関数と定積分］ 過去問題 ——————— 数学II

次の条件を同時に満たす関数 $f(x)$ を求めなさい。

$$f'(x) = 2x + 9 , \qquad \int_1^2 f(x)dx = 3$$

POINT

微分して1次関数になる関数は2次関数だが，その2次関数は無数に多く存在する。これをどのように表せばよいだろうか。

解答

$f'(x) = 2x + 9$ より，

$$f(x) = \int f'(x)dx = \int (2x+9)dx = x^2 + 9x + k \quad （ただし k は定数）$$

これを用いて

$$\int_1^2 f(x)dx = \int_1^2 (x^2 + 9x + k)dx$$

$$= \left[\frac{1}{3}x^3 + \frac{9}{2}x^2 + kx \right]_1^2 = \left(\frac{8}{3} + 18 + 2k \right) - \left(\frac{1}{3} + \frac{9}{2} + k \right) \quad \cdots\cdots(*)$$

$$= \frac{7}{3} + \frac{27}{2} + k = \frac{95}{6} + k$$

条件より，これが3なので

$$\frac{95}{6} + k = 3 \text{ より} \qquad k = -\frac{77}{6}$$

すなわち，$f(x) = x^2 + 9x - \dfrac{77}{6}$ $\qquad\qquad\cdots\cdots$(答)

一言コメント

定積分の計算で，ミスをしてしまうとすれば，符号のミスや通分のミスが多い。上の $(*)$ の計算ではカッコの中を先に計算するのではなく，

$$\frac{1}{3}(2^3 - 1^3) + \frac{9}{2}(2^2 - 1^2) + k(2-1) = \frac{1}{3} \times 7 + \frac{9}{2} \times 3 + k \times 1$$

のようにした方が計算しやすい場合がある。

第 4 節　定積分と図形の面積 数学Ⅱ

基本事項の解説

定積分と面積 (1)

xy 平面上の曲線 $y=f(x)$ と x 軸および2直線 $x=a$, $x=b$で囲まれた図形の面積を S とする。$a \leqq x \leqq b$ において，

（ア）曲線 $y=f(x)$ が x 軸より上にあるとき　$\displaystyle S=\int_a^b f(x)dx$

（イ）曲線 $y=f(x)$ が x 軸より下にあるとき　$\displaystyle S=-\int_a^b f(x)dx$

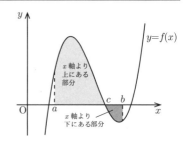

図のように曲線 $y=f(x)$ が x 軸と交わる場合は，積分区間を $a \leqq x \leqq c$ と $c \leqq x \leqq b$ に分割する必要がある。

例えば，曲線 $y=x^3-4x$ と x 軸で囲まれた図形の面積 S を求めてみよう。

増減表をかいて（省略）グラフの概形を調べると次のようになる。

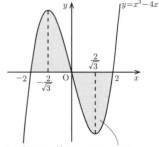

$$S=\int_{-2}^0 (x^3-4x)dx+\left\{-\int_0^2 (x^3-4x)\right\}dx$$

$$=\left[\frac{1}{4}x^4-2x^2\right]_{-2}^0-\left[\frac{1}{4}x^4-2x^2\right]_0^2$$

$$=(-4+8)-(4-8)=8$$

この部分は x 軸より下にあるので，定積分の前にマイナスをつけることに注意

また，次のように考えることもできる。

関数 $f(x)=x^3-4x$ は奇関数であるから，曲線 $y=x^3-4x$ は原点 O に関して対称である。

よって，$\displaystyle \int_{-2}^0 (x^3-4x)dx$ の値と $\displaystyle -\int_0^2 (x^3-4x)dx$ の値は一致する。

すなわち，片方の値のみを求めてそれを2倍すれば，求める面積 S を得る。

┌─ 定積分と面積 (2) ─────────────────────────
xy 平面上の 2 曲線 $y = f(x)$, $y = g(x)$ および 2 直線
$x = a$, $x = b$ で囲まれた図形の面積を S とすると,
$a \leqq x \leqq b$ において $f(x) \geqq g(x)$ ならば

$$S = \int_a^b \{f(x) - g(x)\}dx$$

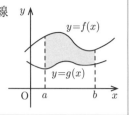
└───

例えば, 2 曲線 $y = (x-1)^2$, $y = x-1$ が
囲む図形の面積 S を求めてみよう。

この 2 曲線の共有点の x 座標は方程式
$(x-1)^2 = x-1$ を解くことにより, $x = 1, 2$
が得られ, グラフの概形は右のようになる。

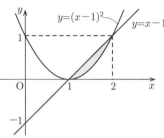

$$S = \int_1^2 \left\{ x-1-(x-1)^2 \right\}dx$$

$$= -\int_1^2 (x^2 - 3x + 2)dx = -\left[\frac{1}{3}x^3 - \frac{3}{2}x^2 + 2x \right]_1^2 = -\frac{7}{3} + \frac{9}{2} - 2 = \frac{1}{6}$$

さらに, 公式 $\boxed{\displaystyle\int_\alpha^\beta (x-\alpha)(x-\beta)dx = -\frac{(\beta - \alpha)^3}{6}}$ を用いて次のように
することもできる。

$$-\int_1^2 \left(x^2 - 3x + 2 \right)dx = -\int_1^2 (x-1)(x-2)dx = \frac{(2-1)^3}{6} = \frac{1}{6}$$

この公式は 2 つの放物線（または放物線と直線）で囲まれた図形の面積を求
めるときに使うことができる。特に共有点の x 座標が $1 \pm \sqrt{2}$ などの無理数の
場合に有用である。

発展であるがより一般的には, 次の式が成り立つことが知られている。

┌─ 第 1 種オイラー積分（発展）──────────────────
$$\int_\alpha^\beta (x-\alpha)^m (x-\beta)^n dx = \frac{m!n!(-1)^n}{(m+n+1)!}(\beta - \alpha)^{m+n+1} \quad (m, n \text{ は 0 以上の整数})$$
└───

先の公式は, この式において, $m = 1$, $n = 1$ としたものである。

[面積] ────────────────── 数学II

$0 \leqq x \leqq 2$ において $y = |x^2-1|$ のグラフと x 軸で囲まれた図形の面積を求めなさい。

解答 ──────────────────────

$y = |x^2-1|$ は $y = |(x+1)(x-1)|$ と変形でき

$$|x^2-1| = \begin{cases} x^2-1 & (x \leqq -1, 1 \leqq x \text{ のとき}) \\ -x^2+1 & (-1 \leqq x \leqq 1 \text{ のとき}) \end{cases} \cdots (*)$$

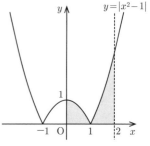

$y = |x^2-1|$ のグラフは右のようになる。
求める面積を S とすると

$$S = \int_0^1 (-x^2+1)dx + \int_1^2 (x^2-1)dx = \left[-\frac{1}{3}x^3+x \right]_0^1 + \left[\frac{1}{3}x^3-x \right]_1^2 = \frac{2}{3} + \frac{7}{3} - 1 = 2$$

$$\cdots (\text{答})$$

一言コメント ──────────

絶対値記号の扱いについて，第1章 p.20 では

$$a \geqq 0 \text{ のとき } |a| = a, \qquad a < 0 \text{ のとき } |a| = -a$$

のように不等号は $\geqq$ と $<$ で片方にのみイコールをつけた。しかし，上の $(*)$ のように定積分では，両方にイコールをつける。第9章の第4節でも同様である。

 [面積] ────────────────── 数学II

曲線 $y = x^2(x-1)$ と x 軸で囲まれた図形の面積を求めなさい。

解答 ──────────────────────

曲線 $y = x^2(x-1)$ と x 軸の共有点の x 座標は，
方程式 $x^2(x-1)=0$ を解いて，$x = 0, 1$ である。
グラフの概形は右のようになる。

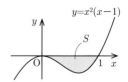

$0 \leqq x \leqq 1$ において，$y \leqq 0$ だから，求める面積 S は

$$S = -\int_0^1 x^2(x-1)dx = \left[-\frac{1}{4}x^4 + \frac{1}{3}x^3 \right]_0^1 = \frac{1}{12} \qquad \cdots\cdots(\text{答})$$

一言コメント ──────────

方程式 $x^2(x-1)=0$ が重解 $x=0$ をもつことからこの曲線は原点 O で x 軸に接することがわかる。

2次対策演習7　[放物線の接線と面積]　過去問題 ――――― 数学II

放物線 $y = x^2 - 5x + 4$ 上に点 A$(3, -2)$ をとります。点 A における放物線の接線を ℓ とするとき，次の問いに答えなさい。

(1) 接線 ℓ の方程式を求めなさい。

(2) 放物線と直線 ℓ および $x = 1$ で囲まれた図形の面積 S を求めなさい。

POINT

ここでは，接点の座標が与えられている。接線の方程式を求めるために，接線の傾きを求めてみよう。

 解答

(1) $f(x) = x^2 - 5x + 4$ とおく。

$f'(x) = 2x - 5$

$f'(3) = 6 - 5 = 1$

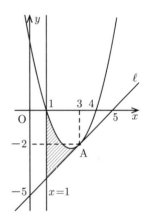

接線 ℓ の方程式は

$y = 1 \cdot (x - 3) - 2$

$y = x - 5$ ……(答)

(2) $1 \le x \le 3$ において

$x - 5 \le x^2 - 5x + 4$

が成り立つから

$S = \int_1^3 \{(x^2 - 5x + 4) - (x - 5)\}dx = \int_1^3 (x^2 - 6x + 9)dx$

$= \left[\frac{1}{3}x^3 - 3x^2 + 9x\right]_1^3 = \frac{26}{3} - 24 + 18 = \frac{8}{3}$ ……(答)

一言コメント

接線 ℓ とこの放物線および y 軸の位置関係を正しく把握すること。この図形は，直線 ℓ の上側，この放物線の下側，直線 $x = 1$ の右側にある。

[2次対策演習8] ［放物線の接線と面積］ **過去問題** ———————— 数学 II

放物線 $y = x^2 + 3x - 5$ について，次の問いに答えなさい。

(1) この放物線の接線のうち，傾きが7となる接線の方程式を求めなさい。

(2) (1)で求めた接線を ℓ とします。直線 ℓ とこの放物線および y 軸で囲まれた図形の面積 S を求めなさい。

POINT

ここでは，接線の傾きが与えられている。接線の方程式を求めるために，接点の座標を求めてみよう。

 解答 ————————————————————

(1) $y = x^2 + 3x - 5$ より，$y' = 2x + 3$

接線の傾きが7だから　$2x + 3 = 7$　　　　$x = 2$

接点の座標は　$(2,\ 5)$

接線 ℓ の方程式は　$y = 7(x - 2) + 5$　　　$y = 7x - 9$　　　　　　……(答)

(2) $0 \leqq x \leqq 2$ において　$7x - 9 \leqq x^2 + 3x - 5$　が成り立つので，求める図形の面積 S は

$$S = \int_0^2 \{(x^2 + 3x - 5) - (7x - 9)\}dx = \int_0^2 (x^2 - 4x + 4)dx$$

$$= \left[\frac{1}{3}x^3 - 2x^2 + 4x\right]_0^2 = \frac{8}{3} - 8 + 8 = \frac{8}{3}　　　　……(答)$$

（グラフは省略した）

一言コメント ————————————————————

次のように考えることもできる。

$$\{(x-2)^3\}' = 3(x-2)^2$$

であるから，$\displaystyle\int (x-2)^2 dx = \frac{1}{3}(x-2)^3 + C$　（C は積分定数）

よって $\displaystyle S = \int_0^2 \{x^2 + 3x - 5 - (7x - 9)\}dx = \int_0^2 (x^2 - 4x + 4)dx = \int_0^2 (x-2)^2 dx$

$$= \frac{1}{3}\left[(x-2)^3\right]_0^2 = \frac{1}{3}\{0 - (-2)^3\} = \frac{8}{3}$$

2次対策演習 9 ［定積分］ ──────────────── 数学 II

次の定積分の値を求めなさい。 $\displaystyle\int_{7-\sqrt{11}}^{7+\sqrt{11}} (x^2-14x+37)dx$

POINT

まず，下端，上端の値に着目して，被積分関数をどのように扱えばよい
か考えてみよう。

解答

> 一般に， $\displaystyle\int_{\alpha}^{\beta}(x-\alpha)(x-\beta)dx=-\frac{1}{6}(\beta-\alpha)^3$ が成り立つ。

まず， $\alpha=7-\sqrt{11}$, $\beta=7+\sqrt{11}$ とおくと， $\alpha+\beta=14$, $\alpha\beta=49-11=38$
解と係数の関係より， α, β を2解とする2次方程式は，

$$x^2-14x+38=0$$

よって，

$$\int_{7-\sqrt{11}}^{7+\sqrt{11}}(x^2-14x+38)dx=-\frac{1}{6}(\beta-\alpha)^3=-\frac{1}{6}(2\sqrt{11})^3=-\frac{44\sqrt{11}}{3}$$

$$\int_{7-\sqrt{11}}^{7+\sqrt{11}}(x^2-14x+37)dx=\int_{7-\sqrt{11}}^{7+\sqrt{11}}(x^2-14x+38-1)dx$$

$$=-\frac{44\sqrt{11}}{3}-\int_{7-\sqrt{11}}^{7+\sqrt{11}}dx=-\frac{44\sqrt{11}}{3}-\Big[x\Big]_{7-\sqrt{11}}^{7+\sqrt{11}}$$

$$=-\frac{44\sqrt{11}}{3}-2\sqrt{11}=-\frac{50\sqrt{11}}{3}\qquad\cdots\cdots(答)$$

一言コメント

たとえば， $\displaystyle\int_{7-\sqrt{11}}^{7+\sqrt{11}}(x^2-13x+38)dx$ については次のようにも考えられる。

$$\int_{7-\sqrt{11}}^{7+\sqrt{11}}(x^2-13x+38)dx=\int_{7-\sqrt{11}}^{7+\sqrt{11}}(x^2-14x+38+x)dx$$

$$=-\frac{44\sqrt{11}}{3}+\int_{7-\sqrt{11}}^{7+\sqrt{11}}x\,dx$$

第8章
数 列

 等差数列と等比数列　　　　数学 B

基本事項の解説

等差数列

- 初項 a, 公差 d の等差数列の第 n 項は　　$a_n = a + (n-1)d$
- 初項 a の等差数列の第 n 項までの和は、

  末項 l とすると $S_n = \dfrac{1}{2}n(a+l)$, 公差 d とすると $S_n = \dfrac{1}{2}n\{2a + (n-1)d\}$

等比数列

- 初項 a, 公比 r の等比数列の第 n 項は　　$a_n = ar^{n-1}$
- 初項 a, 公比 r の等比数列の初項から第 n 項までの和は、

  $r \neq 1$ のとき $S_n = \dfrac{a(1-r^n)}{1-r} = \dfrac{a(r^n-1)}{r-1}$,　$r = 1$ のとき $S_n = na$

1次対策演習1　[等差数列]　―――――――――――――――　数学 B

　第2項が5, 第5項が11である等差数列について

(1) 初項と公差を求めなさい。

(2) 初項から第 n 項までの和を求めなさい。

解答

(1) 初項を a, 公差を d とすると $a_n = a + (n-1)d$

条件から　$a_2 = 5$　より　$a + d = 5$

　　　　　　$a_5 = 11$　より　$a + 4d = 11$

この連立方程式を解くと $a = 3, d = 2$,　よって，初項3, 公差2　　…(答)

(2) (1)の結果から $S_n = \dfrac{1}{2}n\{2 \times 3 + (n-1) \times 2\} = \dfrac{1}{2}n(2n+4) = n(n+2)$…(答)

1次対策演習2 　［等比数列1］ ━━━━━━━━━ 数学B

第2項が6，第5項が48である等比数列の一般項を求めなさい。
また，第10項を求めなさい。

解答 ━━━━━━━━━━━━━━━━━━━━━━━━

初項 a，公比 r（r: 実数）とすると，$a_n = ar^{n-1}$

条件から　$a_2 = 6$　より　$ar^1 = 6$　……①
　　　　　$a_5 = 48$　より　$ar^4 = 48$　……②

①，②より，$r^3 = 8$　　r は実数だから $r = 2$

このとき①から　$a = 3$

> ここでは，
> 公比 r は実数の範囲
> で考える。

ゆえに一般項は　$a_n = 3 \times 2^{n-1}$　　　　　　　　　　……（答）

また，第10項は　$a_{10} = 3 \times 2^9 = 3 \times 512 = 1536$　　　　……（答）

 1次対策演習3 　［等比数列2］ ━━━━━━━━━ 数学B

初項から第5項までの和が33，初項から第10項までの和が -1023 である
等比数列について，初項と公比を求めなさい。

解答 ━━━━━━━━━━━━━━━━━━━━━━━━

初項 a，公比 r（r: 実数）とすると，初項から第 n 項までの和 S_n は

$r = 1$ のとき　$S_5 = 33$，$S_{10} = -1023$ より　$5a = 33$，　$10a = -1023$
これらを同時に満たす a は存在しない。

$r \neq 1$ のとき　$S_5 = 33$，$S_{10} = -1023$ より

$$\frac{a(1-r^5)}{1-r} = 33 \quad \cdots\cdots①, \qquad \frac{a(1-r^{10})}{1-r} = -1023 \quad \cdots\cdots②$$

②÷①より　$\dfrac{1-r^{10}}{1-r^5} = -31$　つまり　$\dfrac{(1+r^5)(1-r^5)}{1-r^5} = -31$

よって　$1 + r^5 = -31$，$r^5 = -32$　　r は実数だから　$r = -2$

このとき①より $a = 3$

ゆえに，初項3，公比 -2　　　　　　　　　　　　　　……（答）

2次対策演習1   ［等比数列］ ━━━━━━━━━━━━━━━ 数学B

200万円を銀行から借り，ちょうど1年後から毎年10万円ずつ返済します。
(1) 年利率 r で借りると n 年後に支払いが残っている金額はいくらでしょうか。n と r を用いて表しなさい。
(2) 年利率2%（$r = 0.02$）で借りると全額返済するのに何年かかるでしょうか。
1.02^{25} = 1.64 として求めなさい。

POINT

ローンの利子の計算は複利法（元金に利子を加えたものを，次回の元金として計算する方法）が用いられる。
1年後に支払いが残っている金額は $200(1+r) - 10$ （万円），
2年後に支払いが残っている金額は $\{200(1+r) - 10\}(1+r) - 10$ （万円）

解答 ━━━━━━━━━━━━━━━━━━━━━━━━━━━━━━━

(1) n 年後の残金は

$$200(1+r)^n - \{10(1+r)^{n-1} + 10(1+r)^{n-2} + \cdots + 10(1+r) + 10\} \quad \text{（万円）}$$

$$= 200(1+r)^n - \frac{10\{(1+r)^n - 1\}}{r} \quad \text{（万円）} \quad \cdots\cdots\text{（答）}$$

(2) $r = 0.02$ のときだから (1) から n 年後に支払いが残っている金額は

$$200(1+0.02)^n - \frac{10\{(1+0.02)^n - 1\}}{0.02} \quad \text{（万円）}$$

これが0以下になるような最小の自然数 n の値を求めればよい。

$$200(1.02)^n - 500\{(1.02)^n - 1\} \leqq 0$$

$$5 \leqq 3(1.02)^n$$

$$1.6666\cdots \leqq (1.02)^n \quad \cdots\cdots\text{①}$$

$1.02^{25} = 1.64$ だから $1.02^{26} = 1.6728$ より
①を満たす最小の自然数 n は　$n = 26,$ 　　　よって26年後　　　 $\cdots\cdots\text{（答）}$

一言コメント ━━━━━━━━━━━━━━━━━━━━━━━━━

(1) （n 年後の残金）=（借りた金額200万円の複利計算による n 年後の金額）
　　　　　　　　 −（毎年末に返済する10万円の n 年後の複利計算による合計金額）

2次対策演習2　[等差数列・等比数列] ━━━━━━━━ 数学B

> 等差数列 $2, 7, 12, 17, \cdots$ を $\{a_n\}$，等比数列 $1, 2, 4, 8, \cdots$ を $\{b_n\}$ とするとき，$\{a_n\}$ と $\{b_n\}$ に共通な項を小さい順に並べてできる数列の一般項を求めなさい。

POINT

2つの数列を具体的に書き並べてみると，共通項の規則が見えてくる。

$\{a_n\}:\ a_1, a_2, a_3, a_4, a_5, a_6, a_7, a_8, a_9, a_{10}, a_{11}, a_{12}, a_{13}, a_{14}, \cdots, a_{103}$

$\qquad\quad 2,\ 7,\ 12,\ 17,\ 22,\ 27,\ 32,\ 37,\ 42,\ 47,\ 52,\ 57,\ 62,\ 67,\ \cdots,\ 512$

$\qquad 1,\ 2,\ 4,\ 8,\ 16,\qquad\quad 32,\qquad\qquad\qquad 64, 128, 256, 512$

$\{b_n\}:\ b_1, b_2, b_3, b_4, b_5,\qquad\ b_6,\qquad\qquad\qquad b_7,\ b_8,\ b_9,\ b_{10}$

 解答

求める数列の一般項を c_n とする。

$\{a_n\}$ は初項 2，公差 5 の等差数列だから，$a_n = 2 + (n-1) \times 5 = 5n - 3$

$\{b_n\}$ は初項 1，公比 2 の等比数列だから，$b_n = 1 \times 2^{n-1}$

$a_1 = 2,\ b_2 = 2$ だから $c_1 = 2$

> b_n の各項が $5(\bullet) - 3$ の形になるかどうかを考えよう。

数列 $\{a_n\}$ の第 l 項が数列 $\{b_n\}$ の第 m 項に等しいとすると $a_l = b_m$ だから $5l - 3 = 2^{m-1}$

$b_{m+1} = 2^m = 2 \times 2^{m-1} = 2 \times (5l - 3) = 5(2l - 1) - 1$ は $\{a_n\}$ の項ではない。

$b_{m+2} = 2^{m+1} = 4 \times 2^{m-1} = 4 \times (5l - 3) = 5(4l - 2) - 2$ は $\{a_n\}$ の項ではない。

$b_{m+3} = 2^{m+2} = 8 \times 2^{m-1} = 8 \times (5l - 3) = 5(8l - 4) - 4$ は $\{a_n\}$ の項ではない。

$b_{m+4} = 2^{m+3} = 16 \times 2^{m-1} = 16 \times (5l - 3) = 5(16l - 9) - 3$ は $\{a_n\}$ の項である。

よって数列 $\{c_n\}$ は公比 16 の等比数列。$c_1 = 2$ より $c_n = 2 \times 16^{n-1} = 2^{4n-3}$

$\qquad\qquad\qquad\qquad\qquad\qquad\qquad\qquad\qquad\qquad\qquad\qquad$ ……(答)

一言コメント

$c_1 = b_2,\ c_2 = b_6,\ c_3 = b_{10}$ から $\{c_n\}$ の一般項を推測することができる。

$5n - 3 \equiv -3 \equiv 2 \pmod 5$ より $2^{m-1} \equiv 2 \pmod 5$ を満たす m を求めると考えてもよい。

第 2 節　いろいろな数列

数学 B

基本事項の解説

いろいろな和の公式

$$\sum_{k=1}^{n} c = cn$$

$$\sum_{k=1}^{n} k = \frac{1}{2}n(n+1)$$

$$\sum_{k=1}^{n} k^2 = \frac{1}{6}n(n+1)(2n+1)$$

$$\sum_{k=1}^{n} k^3 = \left\{\frac{1}{2}n(n+1)\right\}^2$$

$$\sum_{k=1}^{n} r^{k-1} = \frac{1-r^n}{1-r} \quad (r \neq 1)$$

階差数列

$n \geqq 2$ のとき，$\{a_n\}$ の階差数列を $\{b_n\}$ とすると

$$a_n = a_1 + \sum_{k=1}^{n-1} b_k$$

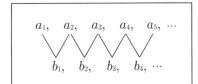

数列の和と一般項

$$a_1 = S_1$$

$n \geqq 2$ のとき $a_n = S_n - S_{n-1}$

部分分数分解

$$\frac{1}{n(n+1)} = \frac{1}{n} - \frac{1}{n+1}$$

$$\frac{1}{n(n+a)} = \frac{1}{a}\left(\frac{1}{n} - \frac{1}{n+a}\right) \quad (a \neq 0)$$

$$\frac{1}{(n+a)(n+b)} = \frac{1}{b-a}\left(\frac{1}{n+a} - \frac{1}{n+b}\right) \quad (a \neq b)$$

1次対策演習 4　　[和の公式]　　　　　　　　　　　　　　　数学B

次の和を求めなさい。

(1) 過去問題 $\displaystyle\sum_{k=1}^{50}(2k+1)$ 　　　　　(2) $\displaystyle\sum_{k=1}^{n}(2\times 3^{k-1})$

 解 答

(1) $\displaystyle\sum_{k=1}^{50}(2k+1)=2\sum_{k=1}^{50}k+\sum_{k=1}^{50}1=2\cdot\frac{1}{2}\cdot 50(50+1)+50=50(51+1)=2600$
　　　　　　　　　　　　　　　　　　　　　　　　　　　……(答)

(2) $\displaystyle\sum_{k=1}^{n}(2\times 3^{k-1})=\frac{2(3^{n}-1)}{3-1}=3^{n}-1$ 　　　　……(答)

一言コメント

(1) $\displaystyle\sum_{k=1}^{50}(2k+1)$ は，初項3，公差2，項数50の等差数列の和だから等差数列の和の公式を用いて $\dfrac{1}{2}\times 50\{2\times 3+(50-1)\times 2\}=50(3+49)=2600$ と計算してもよい。

1次対策演習 5　　[数列の和と一般項]　　　　　　　　　　数学B

数列 $\{a_n\}$ 初項から第 n 項までの和を $S_n=n^2+5n$ とします。一般項 a_n を求めなさい。

 解 答

　　　　$a_1=S_1=1+5=6$

$n\geqq 2$ のとき

　　　　$a_n=S_n-S_{n-1}=(n^2+5n)-\{(n-1)^2+5(n-1)\}=2n+4$ 　　……①

①に $n=1$ を代入すると，$2\times 1+4=6$ となり，初項 a_1 と一致する。

以上から一般項は，$a_n=2n+4$ 　　　　　　　　　　　　　　……(答)

一言コメント

$S_n=n^2+2$ の場合は，$a_1=S_1=1+2=3$

$n\geqq 2$ のとき，

　　　　$a_n=S_n-S_{n-1}=(n^2+2)-\{(n-1)^2+2\}=2n-1$

となり，$n=1$ のときの②は初項 $a_1=3$ と一致しない。

初項は必ず確認する必要がある。

2次対策演習3　[階差数列]　────────────── 数学B

次の数列の一般項を求めなさい。

$$1, \ 3, \ 7, \ 13, \ 21, \ 31, \ \cdots$$

POINT

等差数列や等比数列でなく，与えられた数列の規則性が分かりにくいとき，
隣り合った項同士の差（階差）の数列を求めてみよう。

解答

与えられた数列 $\{a_n\}$ の階差数列 $\{b_n\}$ は

$$2, \ 4, \ 6, \ 8, \ 10, \ \cdots$$

であるから，初項2，公差2の等差数列である。

$$b_n = 2 + 2(n-1) = 2n$$

よって $n \geqq 2$ のとき

$$a_n = a_1 + \sum_{k=1}^{n-1} b_k = 1 + \sum_{k=1}^{n-1} 2k$$

$$= 1 + 2 \cdot \frac{1}{2}(n-1)n$$

$$= 1 + n(n-1)$$

$$= n^2 - n + 1 \qquad \cdots\cdots ①$$

> 階差数列の和の計算では $k=1$ から $k=n-1$ までの和が必要となる。
>
> $$\sum_{k=1}^{n} c = cn$$
>
> $$\sum_{k=1}^{n} c = c(n-1) \qquad (c：定数)$$
>
> $$\sum_{k=1}^{n} k = \frac{1}{2}n(n+1)$$
>
> $$\sum_{k=1}^{n-1} k = \frac{1}{2}(n-1)n$$
>
> $$\sum_{k=1}^{n} k^2 = \frac{1}{6}n(n+1)(2n+1)$$
>
> $$\sum_{k=1}^{n-1} k^2 = \frac{1}{6}(n-1)n(2n-1)$$

① に $n=1$ を代入すると $1^2 - 1 + 1 = 1$ となり，初項 a_1 と一致する。

以上から一般項は $a_n = n^2 - n + 1$ ……(答)

一言コメント

$3, \ 5, \ 8, \ 13, \ 22, \ 39, \ \cdots$ などの数列は，階差数列を求めると
$2, \ 3, \ 5, \ 9, \ 17, \cdots$ となり，まだ一般項が分からない。その場合はもう一度階差数列を求めてみよう。そうすると，$1, \ 2, \ 4, \ 8, \ \cdots$ となり，初項1，公比2の等比数列だとわかり，一般項を求めることができる。

2次対策演習4　[いろいろな数列の和] ━━━━━━━━ 数学B

次の和を計算しなさい。

$$1 + 3x + 5x^2 + 7x^3 + \cdots + (2n-1)x^{n-1}$$

POINT

各項が「(等差数列)×(等比数列)」のとき，数列の和を求めるには，「(元の数列)×公比」をずらして並べて書いて引き算してみよう。

 解答

$S_n = 1 + 3x + 5x^2 + 7x^3 + \cdots + (2n-1)x^{n-1}$ とおく。

$x = 1$ のとき

$$S_n = 1 + 3 + 5 + 7 + \cdots + (2n-1) = \sum_{k=1}^{n}(2k-1) = 2 \cdot \frac{1}{2}n(n+1) - n = n^2$$

$x \neq 1$ のとき

$$S_n = 1 + 3x + 5x^2 + 7x^3 + \cdots + (2n-1)x^{n-1} \qquad \cdots\cdots ①$$

①の両辺に x を掛けて

$$xS_n = \quad x + 3x^2 + 5x^3 + \cdots + (2n-3)x^{n-1} + (2n-1)x^n \quad \cdots\cdots ②$$

①－②より

$$
\begin{aligned}
(1-x)S_n &= 1 + 2x + 2x^2 + 2x^3 + \quad \cdots \quad + 2x^{n-1} - (2n-1)x^n \\
&= -1 + 2(1 + x + x^2 + x^3 + \cdots + x^{n-1}) - (2n-1)x^n \\
&= -1 + \frac{2(1-x^n)}{1-x} - (2n-1)x^n \\
&= \frac{-(1-x) + 2(1-x^n) - (2n-1)x^n(1-x)}{1-x} \\
&= \frac{(2n-1)x^{n+1} - (2n+1)x^n + x + 1}{1-x}
\end{aligned}
$$

よって，$x = 1$ のとき $S_n = n^2$

$$x \neq 1 \text{ のとき } S_n = \frac{(2n-1)x^{n+1} - (2n+1)x^n + x + 1}{(1-x)^2} \qquad \cdots\cdots (答)$$

一言コメント

$x = 1$ のときは等差数列の和になるから，場合分けして記述しよう。

第 3 節　漸化式と数学的帰納法　　数学B

基本事項の解説

漸化式

(1) $a_{n+1}=a_n+d$ $\iff$ $a_{n+1}-a_n=d$ $\iff$ 公差 d の等差数列

(2) $a_{n+1}=ra_n$ $\iff$ 公比 r の等比数列

(3) $a_{n+1}=a_n+f(n)$ $\iff$ $a_{n+1}-a_n=f(n)$
$\iff$ 数列 $\{a_n\}$ の階差数列が $\{f(n)\}$

(4) $a_{n+1}=pa_n+q$ の解法　特性方程式 $x=px+q$ の解 α について
$a_{n+1}-\alpha=p(a_n-\alpha)$ から数列 $\{a_n-\alpha\}$ は初項 $a_1-\alpha$, 公比 p の等比数列

(5) $a_{n+1}=pa_n+f(n)\cdots①$ の n を $n+1$ として　$a_{n+2}=pa_{n+1}+f(n+1)\cdots②$
②－①より　$a_{n+2}-a_{n+1}=p(a_{n+1}-a_n)+f(n+1)-f(n)$
$b_n=a_{n+1}-a_n$ とおくと, $f(n)$ が n の1次式のとき, (4) の形になる。

(6) $a_{n+1}=pa_n+q^n$ の解法　両辺を q^{n+1} で割ると $\dfrac{a_{n+1}}{q^{n+1}}=\dfrac{p}{q}\dfrac{a_n}{q^n}+\dfrac{1}{q}$
$b_n=\dfrac{a_n}{q^n}$ とおくと $b_{n+1}=\dfrac{p}{q}b_n+\dfrac{1}{q}$ となり, (4) の形になる。

(7) $a_{n+1}=\dfrac{a_n}{pa_n+q}$ の解法　両辺の逆数をとると $\dfrac{1}{a_{n+1}}=p+\dfrac{q}{a_n}$
$b_n=\dfrac{1}{a_n}$ とおくと $b_{n+1}=p+qb_n$ となり, (4) の形になる。

(8) $a_{n+2}+pa_{n+1}+qa_n=0$ の解法
特性方程式 $x^2+px+q=0$ の解 α,β について
$\alpha\neq\beta$ のとき, 次の変形を利用して解く。
$$a_{n+2}-\alpha a_{n+1}=\beta(a_{n+1}-\alpha a_n),\quad a_{n+2}-\beta a_{n+1}=\alpha(a_{n+1}-\beta a_n)$$
$\alpha=\beta$ のとき, $a_{n+2}-\alpha a_{n+1}=\alpha(a_{n+1}-\alpha a_n)$ より
数列 $\{a_{n+1}-\alpha a_n\}$ は公比 α の等比数列。

数学的帰納法

自然数 n を含んだ命題Pが, すべての自然数 n について成り立つことを証明するには, 次の (I), (II) を示せばよい。

(I)　$n=1$ のとき, 命題Pが成り立つ。

(II)　$n=k$ のとき, 命題Pが成り立つと仮定すると,
$n=k+1$ のときも命題Pが成り立つ。

2次対策演習 5　　[漸化式 1] ━━━━━━━━━━ 数学 B

$a_1 = 2$,　$a_{n+1} = a_n + n + 1$ を満たす数列 $\{a_n\}$ の一般項を求めなさい。

 解答 ━━━━━━━━━━━━━━━━━━━━━━━━━━

$$a_{n+1} - a_n = n + 1$$

数列 $\{a_n\}$ の階差数列が $n+1$ だから

$n \geqq 2$ のとき

$$a_n = a_1 + \sum_{k=1}^{n-1}(k+1)$$

$$= 2 + \sum_{k=1}^{n-1}k + \sum_{k=1}^{n-1}1$$

$$= 2 + \frac{1}{2}n(n-1) + n - 1$$

$$= \frac{1}{2}(n^2 + n + 2)$$

> $\displaystyle\sum_{k=1}^{n-1}(k+1)$ の計算は
>
> 初項 2，末項 $(n-1)+1 = n$，項数 $n-1$ の等差数列の和と考えて
>
> $\dfrac{1}{2}(n-1)(2+n) = \dfrac{1}{2}(n^2+n-2)$
>
> としてもよい。

$n = 1$ のときも成り立つ。

　よって，$a_n = \dfrac{1}{2}(n^2 + n + 2)$ ……(答)

2次対策演習 6　　[漸化式 2] ━━━━━━━━━━ 数学 B

次の条件 $a_1 = 2$,　$a_{n+1} = \dfrac{a_n}{a_n + 1}$ で定められる数列 $\{a_n\}$ について

(1)　$b_n = \dfrac{1}{a_n}$ とおくとき，b_{n+1}, b_n の満たす関係式を求めなさい。

(2)　この数列の第 n 項 a_n を求めなさい。

 解答 ━━━━━━━━━━━━━━━━━━━━━━━━━━

(1)　$a_{n+1} = \dfrac{a_n}{a_n + 1}$ の逆数をとると，$\dfrac{1}{a_{n+1}} = \dfrac{a_n+1}{a_n} = 1 + \dfrac{1}{a_n}$

$b_n = \dfrac{1}{a_n}$ とおくとき，　$b_{n+1} = 1 + b_n$ ……(答)

(2)　数列 $\{b_n\}$ は，初項 $b_1 = \dfrac{1}{a_1} = \dfrac{1}{2}$，　公差 1 の等差数列。

$$b_n = \frac{1}{2} + (n-1) \times 1 = \frac{2n-1}{2}$$

$$\frac{1}{a_n} = \frac{2n-1}{2}$$

$$a_n = \frac{2}{2n-1}$$ ……(答)

2次対策演習7　［漸化式］　過去問題 ─────────── 数学B

以下の条件で定められる数列 $\{a_n\}$ について，次の問いに答えなさい。

$$a_1 = 1, \qquad a_{n+1} = -2a_n + 6 \quad (n = 1, 2, 3, \cdots)$$

(1) $a_{n+1} + \alpha = -2(a_n + \alpha)$ を満たす定数 α を求めなさい。この問題は解法の過程を記述せずに，答えだけを書いてください。

(2) この数列の第 n 項 a_n を求めなさい。

POINT

(1) $a_{n+1} + \alpha = -2(a_n + \alpha)$ を整理すると　$a_{n+1} = -2a_n - 3\alpha$
これと漸化式を比較すると　$-3\alpha = 6$　よって $\alpha = -2$

 解答 ─────────────────────────────

(1)　$\alpha = -2$　　　　　　　　　　　　　　　　　　　　……(答)

(2)　(1)から，$a_{n+1} - 2 = -2(a_n - 2)$
　数列 $\{a_n - 2\}$ は初項 $a_1 - 2 = 1 - 2 = -1$，公比 -2 の等比数列。

$$a_n - 2 = -(-2)^{n-1}$$
$$a_n = -(-2)^{n-1} + 2 \qquad\qquad\qquad ……(答)$$

一言コメント ─────────────────────────────

本来，$a_1 = r$，$a_{n+1} = -2a_n + 6$ を解く場合，特性方程式 $x = -2x + 6$ を解き，$x = 2$ を得て，$a_{n+1} - 2 = -2(a_n - 2)$ を導くのが一般的である。

(1)で $a_{n+1} - \alpha = -2(a_n - \alpha)$ となっていれば，特性方程式の解（今は2）が α と一致するが，$a_{n+1} + \alpha = -2(a_n + \alpha)$ となっているため，$\alpha = -2$ となる。符号に注意する必要がある。出題の意図を汲んで，POINTのように解こう。

また，(2)は下記のように解答してもよい。

(1)から，$a_{n+1} - 2 = -2(a_n - 2)$

$b_n = a_n - 2$ とおくと　$b_{n+1} = -2b_n$, $b_1 = a_1 - 2 = 1 - 2 = -1$

よって数列 $\{b_n\}$ は初項 -1，公比 -2 の等比数列。

$$b_n = -(-2)^{n-1}, \qquad a_n = b_n + 2 \text{ より } \quad a_n = -(-2)^{n-1} + 2$$

2次対策演習8 ［漸化式］

3つのポイント A,B,C を移動するロボットがある。ロボットは1つのポイントに達してから1秒後に，他の2つのポイントのいずれかに等しい確率で移動する。初めポイント A にいたロボットが，n 秒後にポイント B にいる確率を求めなさい。

POINT

① n 秒後にロボットがポイント B にいる確率を p_n とおこう。
② n 秒後から $n+1$ 秒後の確率の関係式（推移確率）を考えよう。

 解答

n 秒後にロボットがポイント B にいる確率を p_n とおくと，
$$p_1 = \frac{1}{2}$$

右図から $p_{n+1} = \frac{1}{2}(1 - p_n)$
$$p_{n+1} = -\frac{1}{2}p_n + \frac{1}{2}$$

変形すると
$$p_{n+1} - \frac{1}{3} = -\frac{1}{2}\left(p_n - \frac{1}{3}\right)$$

数列 $\left\{p_n - \dfrac{1}{3}\right\}$ は初項 $p_1 - \dfrac{1}{3} = \dfrac{1}{6}$，
公比 $-\dfrac{1}{2}$ の等比数列。

$$p_n - \frac{1}{3} = \frac{1}{6}\left(-\frac{1}{2}\right)^{n-1}$$

よって　$p_n = \dfrac{1}{3} + \dfrac{1}{6}\left(-\dfrac{1}{2}\right)^{n-1}$ 　　　　……(答)

	n 秒後		$n+1$ 秒後
ポイントBにいる確率	p_n	$\xrightarrow{\times 0}$	p_{n+1}
ポイントBにいない確率	$1-p_n$	$\times \frac{1}{2}$	

$$\alpha = \frac{1}{2}(1 - \alpha)$$
$$2\alpha = 1 - \alpha$$
$$\alpha = \frac{1}{3}$$

として基本事項の解説の
漸化式 (4) を利用

一言コメント

p_n と p_{n+1} の間に成り立つ関係式を求めるために，右上にあるような図を描いて考えよう。
また，答を $p_n = \dfrac{1}{3}\left\{1 - \left(-\dfrac{1}{2}\right)^n\right\}$ としてもよい。

2次対策演習9　　［数学的帰納法］　過去問題 ——————————— 数学B

n が自然数のとき，$2^{2n+3}+3^{2n-1}$ は5の倍数であることを，数学的帰納法を用いて証明しなさい。

POINT

自然数 N が5の倍数であるということは，ある自然数 M を用いて，$N=5M$ の形で表されるということである。

 解答 —————————————————————————————

$2^{2n+3}+3^{2n-1}$ は5の倍数である……① を数学的帰納法によって示す。

(I)　$n=1$ のとき

$2^{2\times1+3}+3^{2\times1-1}=2^5+3^1=35$ となり，5の倍数で，①は成り立つ。

(II)　$n=k$ のとき①が成り立つと仮定すると，ある自然数 M を用いて

$$2^{2k+3}+3^{2k-1}=5M \qquad ……②$$

とおける。

$n=k+1$ のとき②を用いて

$$\begin{aligned}
2^{2(k+1)+3}+3^{2(k+1)-1} &= 2^{2k+5}+3^{2k+1}\\
&= 4\cdot2^{2k+3}+9\cdot3^{2k-1}\\
&= 4(2^{2k+3}+3^{2k-1})+5\cdot3^{2k-1}\\
&= 4\cdot5M+5\cdot3^{2k-1}\\
&= 5(4M+3^{2k-1})
\end{aligned}$$

M と 3^{2k-1} は自然数だから，$4M+3^{2k-1}$ も自然数であるため，$n=k+1$ のときも①は成り立つ。

(I), (II) から，すべての自然数 n について $2^{2n+3}+3^{2n-1}$ は5の倍数である。

一言コメント ——————————————————————————————

数学的帰納法の証明方法

(I)　$n=1$ のとき，命題Pが成り立つ。

(II)　$n=k$ のとき，命題Pが成り立つと仮定すると，

　　　$n=k+1$ のときも命題Pが成り立つ。

にしたがって述べよう。

※ 第3章 整数の性質の2次対策演習2(p.71) も参照下さい。

第 **9** 章
確率と統計

場合の数

基本事項の解説

集合の要素の個数　集合の記号については，第1章第2節の冒頭を参照。

全体集合を U とし，その部分集合 A, B について，要素の個数をそれぞれ $n(U), n(A), n(B)$ で表すとき

- $n(A \cup B) = n(A) + n(B) - n(A \cap B)$

  とくに $A \cap B = \varnothing$ のとき　$n(A \cup B) = n(A) + n(B)$

- $n(\overline{A}) = n(U) - n(A)$

和の法則・積の法則

和の法則　事柄 A と事柄 B は同時に起こらないとする。A の起こり方が m 通りあり，B の起こり方が n 通りあるとき，A または B が起こる場合の数は $m + n$ 通りである。

積の法則　事柄 A の起こり方が m 通りあり，そのそれぞれの場合に対して事柄 B の起こり方が n 通りずつあるとする。このとき，A, B がともに起こる場合の数は，$m \times n$ 通りである。

順列

- 異なる n 個のものから r 個を取り出して1列に並べる**順列**の総数は

$$_n\mathrm{P}_r = n(n-1)(n-2)\cdots(n-r+1) = \frac{n!}{(n-r)!} \quad (r \leqq n)$$

  とくに $_n\mathrm{P}_n = n! = n(n-1)(n-2)\cdots 3\cdot 2\cdot 1$　ただし $0! = 1,\ _n\mathrm{P}_0 = 1$

- 異なる n 個を並べる円順列の総数は $\dfrac{_n\mathrm{P}_n}{n} = (n-1)!$

- n 個から r 個とる重複順列の総数は n^r 通り

組合せ

- 異なる n 個のものから r 個を取る**組合せ**の総数は $_n\mathrm{C}_r = \dfrac{_n\mathrm{P}_r}{r!} = \dfrac{n!}{r!(n-r)!}$

［集合の要素の個数］　━━━━━━━━ 数学A

1から100までの整数のうち，次の整数の個数を求めなさい。

(1) 4の倍数かつ5の倍数である数

(2) 4の倍数または5の倍数である数

(3) 4の倍数でも5の倍数でもない数

解答 ━━━━━━━━━━━━━━━━━━━━━━━━━━━━━━━━━━━━

(1) 4の倍数かつ5の倍数の集合は，20の倍数の集合であり，$A \cap B = \{20, 40, 60, 80, 100\}$
よって $n(A \cap B) = 5$　　　　　5個　……(答)

(2) 4の倍数または5の倍数の集合は $A \cup B$ である。
$$A = \{4, 8, 16, \cdots, 100\}, \quad B = \{5, 10, 15, \cdots, 100\}$$
であるから，$n(A) = 25, n(B) = 20$　　(1)の結果も用いて
$n(A \cup B) = n(A) + n(B) - n(A \cap B) = 25 + 20 - 5 = 40$　　　40個　……(答)

(3) 4の倍数でも5の倍数でもない数の集合は，$\overline{A \cup B}$ である。
$$n(\overline{A \cup B}) = n(U) - n(A \cup B) = 100 - 40 = 60$$　　　60個　……(答)

 ［和の法則・積の法則］　━━━━━━━━ 数学A

大中小3個のサイコロを投げるとき，次の(1)(2)に答えなさい。

(1) 出る目の和が7になる場合の数は何通りですか。

(2) 目の出方の総数は何通りですか。また，すべて奇数の目が出るのは何通りですか。

解答 ━━━━━━━━━━━━━━━━━━━━━━━━━━━━━━━━━━━━

(1) 出る目の和が7になる場合の数は，大中小の目の出方を書き並べると

$(大, 中, 小) = (1,1,5), (1,2,4), (1,3,3), (1,4,2), (1,5,1),$

$\qquad\qquad (2,1,4), (2,2,3), (2,3,2), (2,4,1),$

$\qquad\qquad (3,1,3), (3,2,2), (3,3,1), (4,1,2), (4,2,1), (5,1,1)$

よって，15通り　　　　　　　　　　　　　……(答)

(2) 大中小3個のサイコロを投げるとき，目の出方の総数
は　$6^3 = 216$（通り）　　　　　　　……(答)

また，すべて奇数の目が出るのは $3^3 = 27$（通り）……(答)

1次対策演習3　[順列]　━━━━━━━━━━━━━━━ 数学A

次の値を求めなさい。

(1) $_5P_3$　　　　　　　　　(2) 6!

解答 ━━━━━━━━━━━━━━━━━━━━━━━━━━━━━━━

(1) $_5P_3 = 5 \times 4 \times 3 = 60$　　　　……(答)

(2) $6! = 6 \times 5 \times 4 \times 3 \times 2 \times 1 = 720$　……(答)

> 6! は $_6P_6$ と同じである。

1次対策演習4　[順列]　━━━━━━━━━━━━━━━ 数学A

男子4人，女子3人が1列に並ぶとき，次のような並べ方は何通りありますか。

(1) 男子が両端にくる並べ方

(2) 女子3人が隣り合う並べ方

(3) 男女が交互に並ぶ並べ方

解答 ━━━━━━━━━━━━━━━━━━━━━━━━━━━━━━━

(1) 両端の男子の並べ方は，$_4P_2$ 通りある。

そのそれぞれに対して，間に入る5人の並べ方は5!通りある。

よって

$$_4P_2 \times 5! = 4 \cdot 3 \times 5 \cdot 4 \cdot 3 \cdot 2 \cdot 1 = 12 \times 120 = 1440$$　　1440 通り ……(答)

(2) 隣り合う女子3人を1組にまとめて1人とみなし，この1人と男子4人の並べ方は5!通り。

そのそれぞれに対して，女子3人の並べ方は3!通りずつある。

よって

$$5! \times 3! = 5 \cdot 4 \cdot 3 \cdot 2 \cdot 1 \times 3 \cdot 2 \cdot 1 = 120 \times 6 = 720$$　　720 通り　……(答)

(3) 男女が交互に並ぶのは，男子4人の間に女子3人が並ぶ場合で，男子4人の並べ方は4!通り。女子3人の並べ方は3!通り。

よって

$$4! \times 3! = 4 \cdot 3 \cdot 2 \cdot 1 \times 3 \cdot 2 \cdot 1 = 24 \times 6 = 144$$　　144 通り　……(答)

［円順列］ ──────────────────────── 数学A

　異なる 6 個の数字 1, 2, 3, 4, 5, 6 を円形に並べるとき，その並べ方は何通り
ありますか。また，1 と 2 が隣り合う並べ方は何通りありますか。

解答 ────────────────────────────────

異なる 6 個の数字 1,2,3,4,5,6 を円形に並べるとき，その並
べ方の総数は

$$(6-1)! = 5! = 5 \cdot 4 \cdot 3 \cdot 2 \cdot 1 = 120 \quad 120 \text{通り} \cdots (答)$$

また，1 と 2 が隣り合う並べ方は
1 と 2 を 1 つのものとみなして，5 つのものの
円順列を考えるとその並べ方は $(5-1)! = 4!$ 通り。
そのそれぞれに対して 1,2 の並べ方が 2! 通りずつある。
よって

$$(5-1)! \times 2! = 4! \times 2 = 24 \times 2 = 48 \quad 48 \text{通り} \cdots (答)$$

1次対策演習6 ［重複順列］ ──────────────────── 数学A

　次の 5 つの数字を使ってできる 3 桁の整数の個数を求めなさい。ただし，
同じ数字を何度使ってもよいものとします。
(1)　1, 2, 3, 4, 5 の 5 個の数字
(2)　0, 1, 2, 3, 4 の 5 個の数字

 ────────────────────────────────

(1)　百の位，十の位，一の位に使う数字は，そ
　　　れぞれ 5 通りずつあり，互いに他の位の数
　　　字に関係なく選ぶことができるから，
　　　$5 \times 5 \times 5 = 125$　125 通り　　　　……(答)

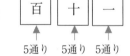

(2)　百の位は 0 以外の 4 通りあり，十の位，一の
　　　位に使う数字は，それぞれ 5 通りずつある。
　　　よって
　　　$4 \times 5 \times 5 = 100$　100 通り　　　　……(答)

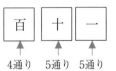

1次対策演習7　　[組合せ] ━━━━━━━━━━━━━━━━━ 数学A

次の値を求めなさい。

(1) **過去問題** $_{30}C_3$　　　　(2) $_{30}C_{28}$　　　　(3) $_nC_2\ (n \geqq 2)$

解答

(1) $_{30}C_3 = \dfrac{30 \cdot 29 \cdot 28}{3 \cdot 2 \cdot 1} = 4060$　　…(答)

(2) $_{30}C_{28} = {}_{30}C_2 = \dfrac{30 \cdot 29}{2 \cdot 1} = 435$　…(答)

> (2) 30人から28人選ぶことと 30人から選ばない2人を決めることは同じである。

(3) $_nC_2 = \dfrac{n(n-1)}{2}$　　　　…(答)

 1次対策演習8　　[組合せ] ━━━━━━━━━━━━━━━━━ 数学A

(1) **過去問題** 12人を，4人と8人の2グループに分ける方法は何通りありますか。

(2) 男子4人，女子3人の中から3人を選ぶとき，次の問いに答えなさい。

　① 男子から2人，女子から1人選ぶ選び方は何通りですか。

　② 女子から少なくとも1人選ぶ選び方は何通りですか。

解答

(1) 12人から4人選んで，残り8人から8人を選ぶ組合せは

$$_{12}C_4 \times {}_8C_8 = \frac{12 \cdot 11 \cdot 10 \cdot 9}{4 \cdot 3 \cdot 2 \cdot 1} \times 1 = 495 \qquad 495\,\text{通り} \qquad \cdots\cdots(答)$$

(2) ① 男子4人から2人を選ぶ選び方は $_4C_2$ 通り，女子3人から1人を選ぶ選び方は $_3C_1$ 通り。

よって　$_4C_2 \times {}_3C_1 = \dfrac{4 \cdot 3}{2 \cdot 1} \times 3 = 6 \times 3 = 18$　　18通り　　　　……(答)

② 選び方の総数は，7人から3人を選ぶので $_7C_3$ 通り

女子が1人も選ばれないのは男子4人から3人すべてを選ぶ場合で，$_4C_3$ 通り

よって求める選び方は

$$_7C_3 - {}_4C_3 = \frac{7 \cdot 6 \cdot 5}{3 \cdot 2 \cdot 1} - 4 = 35 - 4 = 31 \quad 31\,\text{通り} \qquad \cdots\cdots(答)$$

２次対策演習１   ［和の法則・積の法則］ ————————— 数学Ａ

次の問いに答えなさい。
(1) 500 の正の約数の個数を求めなさい。
(2) 500 の正の約数の総和を求めなさい。

POINT

500 を素因数分解して，樹形図をつくることを考えよう。

解答

(1) 500 を素因数分解すると

$$500 = 2^2 \times 5^3$$

であるから 500 の正の約数は 2^2 と 5^3 の正の約数の
積で表される。
2^2 の約数は，$1, 2, 2^2$ の 3 個
5^3 の約数は，$1, 5, 5^2, 5^3$ の 4 個
よって 500 の正の約数の個数は

$$3 \times 4 = 12   \qquad 12 \text{ 個}   \qquad \cdots\cdots\text{(答)}$$

(2) 500 の正の約数の総和は，右の図から

$$1 \times (1 + 5 + 5^2 + 5^3) + 2 \times (1 + 5 + 5^2 + 5^3)$$
$$+ 2^2 \times (1 + 5 + 5^2 + 5^3)$$
$$= (1 + 2 + 2^2) \times (1 + 5 + 5^2 + 5^3)$$
$$= 7 \times 156$$
$$= 1092   \qquad \text{よって } 1092   \qquad \cdots\cdots\text{(答)}$$

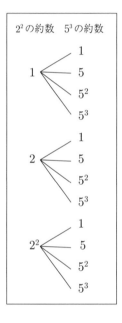

一言コメント

(1) 素因数の種類にも着目するとよい。例えば，300 の正の約数の個数は，
$300 = 3 \times 2^2 \times 5^2$ で素因数が 3 種類あるので，$3, 2^2, 5^2$ それぞれの約数の個数を
求める。3 の約数は $1, 3$ の 2 個，2^2 の約数は $1, 2, 2^2$ の 3 個，5^2 の約数は $1, 5, 5^2$
の 3 個だから，300 の正の約数の個数は，$2 \times 3 \times 3 = 18$ 18 個となる。

2次対策演習2　［順列］　　　━━━━━━━━━━━━━━━━━━ 数学A

　SHOUGI の6文字を並べたものを，アルファベット順に，1番目 GHIOSU，
2番目 GHIOUS，… と番号を付けることにします。
　(1)　SHOUGI は何番目ですか。
　(2)　100番目は何になるかを求めなさい。

POINT

　(1)　SHOUGI より前に並んでいる順列を，左側の文字から整理して個数
　　　を数えよう。

解答 ━━━━━━━━━━━━━━━━━━━━━━━━━━━━━━━━━━━━━

(1)　SHOUGI より前に並んでいる順列のうち
G □□□□□　のかたちのものは　$5! = 5 \cdot 4 \cdot 3 \cdot 2 \cdot 1 = 120$（個）

同様に
H □□□□□，I □□□□□，O □□□□□のかたちのものは 120（個）
SG □□□□　のかたちのものは　$4! = 4 \cdot 3 \cdot 2 \cdot 1 = 24$（個）
SHG □□□　のかたちのものは　$3! = 3 \cdot 2 \cdot 1 = 6$（個）
SHI □□□　のかたちのものは　$3! = 3 \cdot 2 \cdot 1 = 6$（個）
SHOG □□　のかたちのものは　$2! = 2 \cdot 1 = 2$（個）
SHOI □□　のかたちのものは　$2! = 2 \cdot 1 = 2$（個）
SHOI □□　の次に SHOUGI，
よって $120 \times 4 + 24 + 6 \times 2 + 2 \times 2 + 1 = 521$　　　521番目　　　　……(答)

(2)　G □□□□□　のかたちのものは　$5! = 5 \cdot 4 \cdot 3 \cdot 2 \cdot 1 = 120$（個）
だから，100番目の左端の文字は G
GH □□□□　のかたちのものは　$4! = 4 \cdot 3 \cdot 2 \cdot 1 = 24$（個）

同様に GI □□□□　GO □□□□　GS □□□□　のかたちのものは
$4! = 24$（個），ここまでの合計は $24 \times 4 = 96$（個）

97番目は GUHIOS，98番目は GUHISO，99番目は GUHOIS，
よって100番目は GUHOSI　　　　　　　　　　　　　　　　　　　……(答)

2次対策演習3 　[重複順列, 組合せ] ━━━━━━━━ 数学A

6人の生徒を, 次のように分ける方法はそれぞれ何通りありますか。

(1) 3つの部屋P,Q,Rに2人ずつ入るように分ける。

(2) 2人ずつの3つの組に分ける。

(3) 3つの部屋P,Q,Rに1人も入らない部屋があってもよい。

(4) 3つの部屋P,Q,Rのどの部屋にも少なくとも1人は入る。

POINT

> 同じような問題文であるが, (1)(2)は組合せの問題, (3)(4)は重複順列
> の問題であることに注意しよう。

 解答 ━━━━━━━━━━━━━━━━━━━━━━━━━━━

(1) 6人の中からPに入る2人の選び方は$_6C_2$通り。残り4人の中からQに入る2人の選び方は$_4C_2$通り。P,Qに入る4人が決まれば, Rに入る2人は決まる。よって分け方の総数は　$_6C_2 \times _4C_2 \times 1 = \dfrac{6 \cdot 5}{2 \cdot 1} \times \dfrac{4 \cdot 3}{2 \cdot 1} = 90$（通り）…（答）

(2) (1)の分け方において, P,Q,Rの区別をなくすと同じ組分けが3!通りずつできるから, $\dfrac{90}{3!} = 15$（通り）　　　　　　　　　　……（答）

(3) 6人の生徒は, 3つの部屋P,Q,Rのいずれかの部屋に入るから, 1人について3通りずつの場合がある。よって, $3^6 = 729$（通り）　　　　……（答）

(4) (3)のうち,

i) 空室が1部屋のとき

Pが空室になる場合　Q,Rに6人を分けて入れるから2^6通り。Qの部屋に6人すべて入る場合と, Rの部屋に6人すべて入る場合の2通りを除いて$2^6 - 2 = 64 - 2 = 62$通り。Qが空室になる場合, Rが空室になる場合も同様だから$62 \times 3 = 186$通り

ii) 空室が2部屋のとき

6人全員がPの部屋に入る場合, 6人全員がQの部屋に入る場合, 6人全員がRの部屋に入る場合の3通り。

i) ii)から　$3^6 - 62 \times 3 - 3 = 729 - 186 - 3 = 540$（通り）　　　　……（答）

2次対策演習4 ［同じものを含む順列］ 過去問題 ━━━━━ 数学 A

区別できない 30 個のピンポン玉があります。これを 3 つの箱 A,B,C に分けるとき，次の問いに答えなさい。

(1) 空の箱を作らないようにするとき，分け方は全部で何通りありますか。

(2) 空の箱があってもよいとき，分け方は全部で何通りありますか。

POINT

ピンポン玉 30 個を● 30 個，箱 A,B,C の境目を仕切り「｜」2 個と考えて，●と「｜」を横一列に並べる場合の数について考えるとよい。

解答

(1) 求める分け方の総数は，横一列に並んだ 30 個の●を，2 個の仕切り「｜」によって 3 つの部分に分け，どの部分も●を含むようにするときの「●と「｜」の並べ方の総数」に等しい。仕切りをおく場所の候補↓は全部で 29 か所ある。ここから 2 か所を選ぶので，

$$_{29}C_2 = \frac{29 \cdot 28}{2 \cdot 1} = 406 \text{（通り）} \quad \cdots\cdots\text{（答）} \quad ●●｜●● \cdots ●｜●●●$$

(2) 求める分け方の総数は，30 個の●と 2 個の仕切り「｜」の計 32 個を，横 1 列に並べる順列の総数に等しいので，

$$\frac{(30+2)!}{30!2!} = \frac{32 \cdot 31}{2 \cdot 1} = 496 \text{（通り）} \quad \cdots\cdots\text{（答）} \quad ●●｜｜●● \cdots ●●$$

一言コメント

(1) は，A,B,C に●を 1 個ずつ入れておき，残り 27 個の●と仕切り「｜」2 個の計 29 個を横一列に並べる順列と考えてもよい。その場合は，(2) と同様に考えて

$$\frac{(27+2)!}{27!2!} = \frac{29 \cdot 28}{2} = 406 \text{（通り）}$$

また，(2) は重複組合せ「異なる n 個のものから重複を許して r 個とる重複組合せの総数は $_nH_r = _{n+r-1}C_r$（$n < r$ であってもよい）」を用いてもよい。AA…AB…BCC のように 30 個の●に，使わない文字があってもよいので A,B,C の文字をあてはめることを考えると，「異なる 3 個のものから重複を許して 30 個とる重複組合せ」と考えて

$$_3H_{30} = _{3+30-1}C_{30} = _{32}C_{30} = _{32}C_2 = \frac{32 \cdot 31}{2 \cdot 1} = 496 \text{（通り）}$$

| 第 | 2 | 節 | 確率 | 数学 A |

基本事項の解説

> **確率の定義**：全事象 U の要素の個数を $n(U)$ とし，事象 A の要素の個数を $n(A)$ とする。全事象 U のどの根元事象も同様に確からしいとき，事象 A の起こる確率 $P(A)$ は　$P(A) = \dfrac{n(A)}{n(U)} = \dfrac{\text{事象 } A \text{ の起こる場合の数}}{\text{起こりうるすべての場合の数}}$

確率の基本性質

- どのような事象 A に対しても $0 \leqq P(A) \leqq 1$
- 全事象 U の確率 $P(U) = 1$，空事象 $\varnothing$ の確率 $P(\varnothing) = 0$
- A, B が排反事象であるとき　$P(A \cup B) = P(A) + P(B)$
- 和事象の確率　$P(A \cup B) = P(A) + P(B) - P(A \cap B)$
- 余事象の確率　$P(\overline{A}) = 1 - P(A)$

期待値

ある試行の結果によって値の決まる数量 X があって，X のとりうる値が $x_1, x_2, \cdots, x_n$

X の値	x_1	x_2	$\cdots$	x_n	計
確率	p_1	p_2	$\cdots$	p_n	1

であり，その値をとるときの確率が $p_1, p_2, \cdots, p_n$ であるとする。このとき数量 X の**期待値**は

$$E = x_1 p_1 + x_2 p_2 + \cdots + x_n p_n \qquad (\text{ただし，} p_1 + p_2 + \cdots + p_n = 1)$$

独立な試行の確率

2つの試行 T_1, T_2 が**独立**であるとき，T_1 によって決まる事象 A と T_2 によって決まる事象 B が同時に起こる確率 p は　$p = P(A) \times P(B)$

反復試行の確率

1回の試行で事象 A の起こる確率を p とすると，この試行を n 回繰り返すとき，A がちょうど r 回起こる確率は

$$_n\mathrm{C}_r p^r (1-p)^{n-r} \qquad \text{ただし，} r = 0, 1, 2, \cdots, n$$

条件付き確率

　全事象 U のなかの2つの事象 A, B において，A が起こったことが分かったとして，このとき B が起こる確率を，A が起こったときの B の**条件付き確率**といい，$P_A(B) = \dfrac{n(A \cap B)}{n(A)}$　または　$P_A(B) = \dfrac{P(A \cap B)}{P(A)}$　と表す。

 1次対策演習9　**[確率の基本性質1]** ━━━━━━━━━ 数学A

　1, 2, 3, 4, 5 を1つずつ書いた5枚のカードがあります。この中から無作為に2枚を取り出すとき，偶数が書かれたカードを2枚，または奇数が書かれたカードを2枚取り出す確率を求めなさい。

解答

2枚とも偶数である事象を A，2枚とも奇数である事象
を B とすると，A, B は排反事象であるから

$$P(A \cup B) = P(A) + P(B) = \frac{{}_2C_2}{{}_5C_2} + \frac{{}_3C_2}{{}_5C_2} = \frac{1}{10} + \frac{3}{10} = \frac{2}{5} \quad \cdots\cdots (答)$$

別解

求める確率は，偶数1枚，奇数1枚とる場合の余事象の確率だから
$$1 - \frac{{}_2C_1 \cdot {}_3C_1}{{}_5C_2} = 1 - \frac{2 \times 3}{10} = \frac{2}{5} \quad \cdots\cdots (答)$$

 1次対策演習10　**[確率の基本性質2]** ━━━━━━━ 数学A

　A,B,C の3人がじゃんけんを1回するとき，次の確率を求めなさい。
　(1) A だけが勝つ確率　　　(2) あいこになる確率

解答

(1) 3人でじゃんけんをするとき，手の出し方は 3^3 通り。
A が勝つのは，手の出し方が3通りあるから $\dfrac{3}{3^3} = \dfrac{1}{9}$ $\cdots\cdots$(答)

(2) あいこになるのは

i) 全員同じ手を出すとき　グー，チョキ，パーの3通りあり，$\dfrac{3}{3^3} = \dfrac{1}{9}$

ii) 全員違う手を出すとき　誰がグー，チョキ，パーのいずれの手を出すかは
3! 通りあるから $\dfrac{3!}{3^3} = \dfrac{2}{9}$

i) ii) は排反事象だから求める確率は　$\dfrac{1}{9} + \dfrac{2}{9} = \dfrac{1}{3}$ $\cdots\cdots$(答)

1次対策演習11　[反復試行] ━━━━━━ 数学A

1枚のコインを5回投げて，表が3回出る確率を求めなさい。

解答 ━━━━━━━━

コインを1枚投げるとき，表の出る確率は $\dfrac{1}{2}$ であるから，求める確率は

$$_5\mathrm{C}_3\left(\dfrac{1}{2}\right)^3\left(\dfrac{1}{2}\right)^2 = \dfrac{10}{2^5} = \dfrac{5}{16}$$
　　　　　　　　　　　　　　　　　　　　　　　……(答)

 1次対策演習12　[条件付き確率] ━━━━━━ 数学A

右の表は，あるケーブルカーの乗客数を，男性，
女性，大人，子どもについて調べたものです。
この乗客の中から適当に1人を選ぶとき，その
乗客が男性であるという事象を A，大人である
事象を B として，次の確率を求めなさい。

	大人	子ども
男性	10	6
女性	12	5

(1) $P_A(B)$
(2) $P_B(\overline{A})$

解答 ━━━━━━━━

(1) $P_A(B)$ は，乗客のうち男性であるという
　　条件の下で，大人である確率であるから，
　　右のように表に加筆して

	大人	子ども	計
男性	10	6	16
女性	12	5	17
計	22	11	33

$$P_A(B) = \dfrac{n(A \cap B)}{n(A)} = \dfrac{10}{16} = \dfrac{5}{8}$$
　　　　　　　　　　　　　　　……(答)

(2) $P_B(\overline{A})$ は，乗客のうち大人であるという条件の下で，女性である確率で
　　あるから，表の数字から

$$P_B(\overline{A}) = \dfrac{12}{22} = \dfrac{6}{11}$$
　　　　　　　　　　　　　　　　　　　　　　　……(答)

一言コメント ━━━━━━

　条件付き確率では，記号の意味をしっかり捉えよう。

2次対策演習5 ［確率の基本性質］ 過去問題 ──────────── 数学A

男子7人，女子6人の計13人から何人かを無作為に選びます。これについて，次の問いに答えなさい。

(1) 2人を選ぶとき，男子と女子が1人ずつ選ばれる確率を求めなさい。

(2) 5人を選ぶとき，男子も女子も少なくとも1人選ばれる確率を求めなさい。

POINT

(2) 「少なくとも…な確率」を求めるとき，余事象の確率を求めるとよい場合が多い。

 解答 ────────────────────────────

(1) すべての選び方は $_{13}C_2 = \dfrac{13 \cdot 12}{2 \cdot 1} = 78$（通り）

男子1人の選び方は7通り，女子1人の選び方は6通りであるから，

選び方は $7 \cdot 6 = 42$（通り）

よって求める確率は $\dfrac{42}{78} = \dfrac{7}{13}$ ……（答）

(2) 男子のみまたは女子のみが選ばれる事象の余事象を考えればよい。

すべての選び方は，$_{13}C_5 = \dfrac{13 \cdot 12 \cdot 11 \cdot 10 \cdot 9}{5 \cdot 4 \cdot 3 \cdot 2 \cdot 1} = 1287$（通り）

男子のみになる選び方は $_7C_5 = {_7}C_2 = \dfrac{7 \cdot 6}{2 \cdot 1} = 21$（通り）

女子のみになる選び方は $_6C_5 = {_6}C_1 = 6$（通り）

これらは同時に起こらないから，求める確率は

$$1 - \left(\dfrac{21}{1287} + \dfrac{6}{1287} \right) = \dfrac{1260}{1287} = \dfrac{140}{143}$$ ……（答）

一言コメント ────────────────────

$\dfrac{21}{1287} + \dfrac{6}{1287}$ などの分数計算は，途中で約分せずに最後に約分するとよいだろう。

2次対策演習6 ［期待値］ ──────────────── 数学 A

1つのさいころを投げて，出た目で得点が得られるゲームを行います。配点は X 方式と Y 方式があり，点数は表のようになっています。高い得点が期待できるのは X 方式と Y 方式のどちらでしょうか。

出た目	1,2,3	4,5	6
X 方式	250	600	600
Y 方式	400	450	540

POINT

それぞれの確率を求め，X 方式，Y 方式の期待値を計算することで，比較しよう。

解答

X 方式，Y 方式で得られる点数と，確率の表は右図である。

X 方式	250	600	600
Y 方式	400	450	540
確率	$\dfrac{1}{2}$	$\dfrac{1}{3}$	$\dfrac{1}{6}$

X の期待値は，

$$250 \times \frac{1}{2} + 600 \times \frac{1}{3} + 600 \times \frac{1}{6} = 125 + 200 + 100 = 425$$

Y の期待値は，

$$400 \times \frac{1}{2} + 450 \times \frac{1}{3} + 540 \times \frac{1}{6} = 200 + 150 + 90 = 440$$

得点の期待値は，X より Y の方が高いから，高い得点が期待できるのは，Y 方式である。

……(答)

一言コメント

期待値を計算することで，そのゲームを行うことが得か損か，有利か不利か，あらかじめ調べることができる。

2次対策演習7　　[反復試行の確率]　　　　　　　　　　　　　　　　数学A

AさんとBさんがテニスの試合をします。AさんがBさんに勝つ確率は常に一定で $\dfrac{3}{5}$ です。先に3勝した方を優勝とします。ただし引き分けはないものとします。このとき次の確率を求めなさい。

(1) 3試合目で優勝が決まる確率
(2) 5試合目でBさんが優勝する確率

POINT

反復試行の確率

1回の試行で事象 A の起こる確率を p とする。この試行を n 回繰り返すとき，A がちょうど r 回起こる確率は

$$_n\mathrm{C}_r\, p^r(1-p)^{n-r} \qquad ただし，r = 0, 1, 2, \cdots, n$$

(1) 3試合目で優勝が決まるのは，Aが3連勝するか，またはBが3連勝するときで，これらは排反事象であるから，求める確率は

$$\left(\dfrac{3}{5}\right)^3 + \left(\dfrac{2}{5}\right)^3 = \dfrac{27+8}{125} = \dfrac{35}{125} = \dfrac{7}{25} \qquad \cdots\cdots(答)$$

(2) 5試合目でBさんが優勝するのは，4試合目まで2勝2敗で，最後にBさんが勝つ場合であるから，求める確率は

$$_4\mathrm{C}_2\left(\dfrac{2}{5}\right)^2\left(\dfrac{3}{5}\right)^2 \times \left(\dfrac{2}{5}\right) = 6 \times \dfrac{36}{625} \times \left(\dfrac{2}{5}\right) = \dfrac{432}{3125} \qquad \cdots\cdots(答)$$

一言コメント

(2)

1試合目	2試合目	3試合目	4試合目	5試合目
A勝	B勝	A勝	B勝	B勝

⇐ 5試合目だけはBの勝が決定している

4試合目まではA，Bの勝ち負けは入れ替わることができ，その場合の数が $_4\mathrm{C}_2$ 通りある。

２次対策演習8　［条件付き確率］　━━━━━━━━━━━━ 数学A

> ある街ではウイルスに感染している患者が見つかったため，患者を検査
> キットで検査します。ウイルスを検出する検査方法によると，ウイルスが
> いるのにいないと誤って判定してしまう確率は3%，ウイルスがいないの
> にいると誤って判定してしまう確率は2%です。全体の1%にこのウイル
> スがいるとされる街の住民の中から，1人を選んで検査するとき，次の確
> 率を求めなさい。
> (1)　ウイルスがいると判定される確率
> (2)　ウイルスがいると判定されたときに，実際にはウイルスはいない確率

POINT

> ウイルスがいる事象を A，検査でウイルスがいると判定される事象を
> B とおいて確率を求めてみよう。

解答

　ウイルスがいる事象を A，検査でウイルスがいると判定される事象を B と
すると　$P(A) = \dfrac{1}{100}$，　$P(\overline{A}) = \dfrac{99}{100}$，　$P_A(B) = \dfrac{97}{100}$，　$P_{\overline{A}}(B) = \dfrac{2}{100}$

(1)　検査でウイルスがいると判定されるのは

i)　ウイルスがいる人が検査でウイルスがいると判定される場合 $A \cap B$

ii)　ウイルスがいない人が検査でウイルスがいると判定される場合 $\overline{A} \cap B$

である。i) ii) は互いに排反だから

$$P(B) = P(A \cap B) + P(\overline{A} \cap B)$$
$$= P(A)P_A(B) + P(\overline{A})P_{\overline{A}}(B)$$
$$= \frac{1}{100} \times \frac{97}{100} + \frac{99}{100} \times \frac{2}{100} = \frac{295}{10000} = \frac{59}{2000} \qquad \cdots\cdots(答)$$

(2)　求める確率は，　$P_B(\overline{A}) = \dfrac{P(\overline{A} \cap B)}{P(B)} = \dfrac{\frac{99}{100} \times \frac{2}{100}}{\frac{295}{10000}} = \dfrac{198}{295}$　　$\cdots\cdots(答)$

一言コメント

(2) の結果から，検査の誤まり判定の確率が2%，3%程度でも，「ウイルスがい
ると判定されたときに，実際にはウイルスはいない確率」は $\dfrac{198}{295}$ と事前の数
値からうける印象と違ったかなり高い確率になる。

第 3 節　データの分析

数学 B

基本事項の解説

代表値

　あるデータ全体の特徴を適当な1つの値で表すとき，そのような値を**代表値**という。代表値としては，**平均値，中央値，最頻値**等がよく用いられる。

平均値…データの値の総和をデータの個数で割った値。
中央値…データの値を大きさの順に並べたとき中央の位置にくる値。
最頻値…データの個数がもっとも多い値。

データの散らばり

範囲…データの最大値から最小値を引いた差。
四分位数… データを小さい方から並べたとき，4等分した位置にくる値を四分位数といい，小さい方から順に**第1四分位数，第2四分位数，第3四分位数**という。中央値は第2四分位数である。
四分位範囲…第3四分位数と第1四分位数の差。

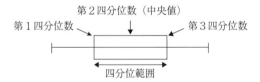

偏差…データの各値 x から平均値 $\overline{x}$ を引いた差 $x-\overline{x}$
分散…偏差の2乗の平均値。s^2 で表す。

$$s^2 = \frac{1}{n}\{(x_1-\overline{x})^2 + (x_2-\overline{x})^2 + \cdots + (x_n-\overline{x})^2\}$$

　2乗の平均と平均の2乗から分散を求めることができる。

$$s^2 = \frac{1}{n}(x_1{}^2 + x_2{}^2 + \cdots + x_n{}^2) - (\overline{x})^2$$

標準偏差…分散の正の平方根。s で表す。

データの相関

散布図…2つの変量からなるデータを点として平面上に図示したもの。

正の相関，負の相関…2つの変量からなるデータにおいて，一方が増加すると
　　他方も増加する傾向があるとき2つの変量には**正の相関がある**といい，一
　　方が増加すると他方は減少する傾向があるとき2つの変量には**負の相関が
　　ある**という。どちらの傾向もないとき**相関がない**という。

　散布図における各点の分布が（右上がりや右下がりの）直線に接近している
ほど，**相関が強い**といい，散らばっているほど**相関が弱い**という。

相関係数…2つの変量 x, y からなるデータにおいて，x と y の偏差の積の平均値

$$s_{xy} = \frac{1}{n}\{(x_1-\overline{x})(y_1-\overline{y}) + (x_2-\overline{x})(y_2-\overline{y}) + \cdots + (x_n-\overline{x})(y_n-\overline{y})\}$$

　　を x と y の**共分散**といい，s_{xy} で表す。この共分散 s_{xy} を x の標準偏差 s_x
　　と y の標準偏差 s_y の積で割った値を**相関係数**といい，r で表す。

$$r = \frac{s_{xy}}{s_x S_y} = \frac{\frac{1}{n}\{(x_1-\bar{x})(y_1-\bar{y}) + \cdots + (x_n-\bar{x})(y_n-\bar{y})\}}{\sqrt{\frac{1}{n}\{(x_1-\bar{x})^2 + \cdots + (x_n-\bar{x})^2\}}\sqrt{\frac{1}{n}\{(y_1-\bar{y})^2 + \cdots + (y_n-\bar{y})^2\}}}$$

$$= \frac{(x_1-\bar{x})(y_1-\bar{y}) + \cdots + (x_n-\bar{x})(y_n-\bar{y})}{\sqrt{\{(x_1-\bar{x})^2 + \cdots + (x_n-\bar{x})^2\}\{(y_1-\bar{y})^2 + \cdots + (y_n-\bar{y})^2\}}}$$

　相関係数 r のとり得る値の範囲は，$-1 \leqq r \leqq 1$

　r の値が1に近いほど正の相関関係が強い目安となり，-1 に近いほど負の相
関関係が強い目安となる。また，0 に近いときは直線的な相関関係はない。

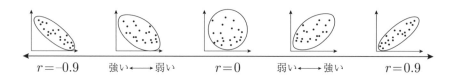

$r=-0.9$　　　強い ←——→ 弱い　　　$r=0$　　　弱い ←——→ 強い　　　$r=0.9$

［代表値］ ━━━━━━━━━━━━━━ 数学Ⅰ

　次のデータの平均値，中央値，最頻値を求めなさい。

$$1,\ 1,\ 1,\ 1,\ 4,\ 4,\ 4,\ 5,\ 6$$

(解答)

平均値は，$(1+1+1+1+4+4+4+5+6)\div 9 = 27\div 9 = 3\ \cdots(答)$

中央値は，9個のデータがあるので5番目の値だから，$4\ \cdots(答)$

最頻値は，1が4個あり，

その他のデータは4個より少ないから，1　　　　　　　…(答)

(一言コメント)

上の問題のデータでは，平均値，中央値，最頻値が異なる値を
とるが，例えば，「1，2，2，3，3，3，4，4，5」のようにデー
タが分布していると，3つの代表値は一致する。

1次対策演習14　**［仮平均］** ━━━━━━━━━━━━━━ 数学Ⅰ

　次のデータの平均値を求めなさい。

$$150,\ 147,\ 165,\ 160,\ 153$$

(解答)

$$\frac{150+147+165+160+153}{5} = \frac{500+(50+47+65+60+53)}{5}$$
$$= \frac{500+275}{5} = 100+55 = 155 \quad\cdots\cdots(答)$$

次のようにしてもよい。先にデータの下2桁のみで計算して

$$\frac{50+47+65+60+53}{5} = \frac{275}{5} = 55$$

この値に100を加えて，$100+55 = 155$　　　　　　　　　　……(答)

例えば，「0.1，0.9，0.8，0.2，0.5」の平均は0.5だが，それぞれのデータに10
をかけた値「1，9，8，2，5」の平均5を求めてから，この平均5を10で割っ
て，もとのデータの平均0.5を出してもよい。

２次対策演習９ 　[四分位数と箱ひげ図] ──────── 数学Ⅰ

次のデータ A，B の箱ひげ図をそれぞれかきなさい。

データの散らばりが大きいのは A，B どちらと考えられるか，得られた四分位範囲によって比較しなさい。

A　20, 60, 100, 70, 50, 90, 80, 100

B　85, 60, 80, 65, 100, 55, 15, 75

POINT

A，B それぞれについての中央値，最小値，最大値，第1四分位数，第3四分位数を求めてみよう。

解答

データ A について，　中央値は 85，最小値は 20，最大値は 100，

第1四分位数は 55，第3四分位数は 95，四分位範囲は $95-55=40$

データ B について，　中央値は 70，最小値は 15，最大値は 100，

第1四分位数は 57.5，第3四分位数は 82.5，四分位範囲は $82.5-57.5=25$

箱ひげ図は

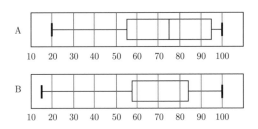

四分位範囲は A の方が大きいので，データの散らばりは A の方が大きいと考えられる。　　　　　　……(答)

一言コメント

B の最小値について。

$$(第1四分位数)-1.5\times(四分位範囲)=57.5-1.5\times25=20$$

以下の値を外れ値と考えると，B の最小値 15 は外れ値と考えられる。

外れ値の基準はいくつかある。

1次対策演習15　［分散］　過去問題 ──────────── 数学Ⅰ

次のデータの分散を求めなさい。

2, 5, 8, 11, 14

まず，平均値 m を求める。

$$m = \frac{1}{5}(2+5+8+11+14) = \frac{40}{5} = 8$$

分散 s^2 は

$$s^2 = \frac{1}{5}\left\{(2-8)^2+(5-8)^2+(8-8)^2+(11-8)^2+(14-8)^2\right\}$$
$$= \frac{1}{5}(36+9+0+9+36) = \frac{90}{5} = 18 \qquad \cdots\cdots(\text{答})$$

一言コメント ──────────

分散が18であるから，標準偏差 s は，$s = \sqrt{18} = 3\sqrt{2}$ となる。

1次対策演習16　［分散］ ──────────── 数学Ⅰ

得点 x と x^2 が次のように与えられているとき，分散を求めなさい。

x	-2	1	4	7	10	計 20
x^2	4	1	16	49	100	計 170

x の平均は $20 \div 5 = 4$　　x^2 の平均は $170 \div 5 = 34$

(分散) = (x^2 の平均) − (x の平均)^2 の公式を用いて

$$(\text{分散}) = 34 - 4^2 = 34 - 16 = 18 \qquad \cdots\cdots(\text{答})$$

一言コメント ──────────

1次対策演習15のデータ「2，5，8，11，14」を y として，

1次対策演習16のデータ「−2，1，4，7，10」を x とすると

$y = x + 4$ である。また，x の分散と y の分散はいずれも18である。

一般に，a が定数であるとき，$x + a$ の分散と x の分散は一致する。

2次対策演習 10 ［相関係数］　━━━━━━━━━━ 数学Ⅰ

5人の生徒に10点満点のA, B 2種類のテストを行ったところ次の表のような結果が得られた。A とB の相関係数を求めなさい。

生徒番号	1	2	3	4	5
A	8	9	5	10	3
B	7	10	2	6	5

POINT

テストA, テストB の偏差，分散，共分散等を求めるためどのように表したら考えやすいだろうか。。

次のように表にして表す。A, B の得点をそれぞれ x, y とする。

番号	x	y	$x-\overline{x}$	$y-\overline{y}$	$(x-\overline{x})(y-\overline{y})$	$(x-\overline{x})^2$	$(y-\overline{y})^2$
1	8	7	1	1	1	1	1
2	9	10	2	4	8	4	16
3	5	2	−2	−4	8	4	16
4	10	6	3	0	0	9	0
5	3	5	−4	−1	4	16	1
合計	35	30	0	0	21	34	34
平均	7	6	—	—	4.2	6.8	6.8

よって，共分散 $s_{xy}=4.2$, x の標準偏差 $s_x=\sqrt{6.8}$, y の標準偏差 $s_y=\sqrt{6.8}$ である。共分散 s_{xy} を x の標準偏差 s_x と y の標準偏差 s_y の積で割った値が相関係数 r だから　$r=\dfrac{4.2}{\sqrt{6.8}\sqrt{6.8}}=\dfrac{42}{68}=0.6176470 \fallingdotseq 0.62$　　……（答）

一言コメント ━━━━━━━━━━

このデータで散布図をかくと右のようになる。データが5個と少なく，あまり強い相関ではないが，散布図からも正の相関があることがわかる。

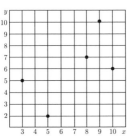

第 4 節 統計的な推測

数学 B

基本事項の解説

1 確率変数

確率変数と確率分布

試行の結果により，それぞれの値をとる確率が定まる変数を**確率変数**という。

確率変数 X の値が a となる確率を $P(X=a)$ と表し，X が a 以上 b 以下の値をとる確率を $P(a \leqq X \leqq b)$ と表す。

確率変数 X がとる値とその確率の対応関係を**確率分布**といい，確率変数 X はこの分布に**従う**という。確率分布を表にしたものを**確率分布表**という。

確率変数の平均，分散，標準偏差

確率変数 X が値 $x_1,\ x_2, \cdots, x_n$ をとる確率がそれぞれ $p_1,\ p_2, \cdots, p_n$ であるとき，X の平均（**期待値**）$E(X)=m$，分散 $V(X)$，標準偏差 $\sigma(X)$ は，それぞれ次の式で表される。

$$E(X) = x_1p_1 + x_2p_2 + \cdots + x_np_n = \sum_{k=1}^{n} x_kp_k$$

$$V(X) = E((X-m)^2) = (x_1-m)^2p_1 + (x_2-m)^2p_2 + \cdots + (x_n-m)^2p_n$$

$$= \sum_{k=1}^{n}(x_k-m)^2p_k$$

$$\sigma(X) = \sqrt{V(X)}$$

分散，標準偏差の性質

分散 $V(X)$，標準偏差 $\sigma(X)$ は，次の式でも求められる。

$$V(X) = E(X^2) - \{E(X)\}^2, \qquad \sigma(X) = \sqrt{E(X^2) - \{E(X)\}^2}$$

確率変数の変換

X を確率変数，a，b を定数とするとき，次の式が成り立つ。

$$E(aX+b) = aE(X)+b, \qquad V(aX+b) = a^2V(X),$$

$$\sigma(aX+b) = |a|\sigma(X)$$

2つの確率変数 X, Y とその平均 $E(X)$, $E(Y)$ について次の式が成り立つ。

$$E(X+Y) = E(X) + E(Y)$$

事象の独立，従属

2つの事象 A, B が起こる確率について，$P(A \cap B) = P(A)P(B)$ が成り立つとき，A と B は**独立である**という。独立でないとき，**従属である**という。

確率変数の独立

2つの確率変数 X, Y とそれらがとる任意の値 x_i, y_j について，次の式が成り立つとき，X と Y は**独立である**という。

$$P(X=x_i,\ Y=y_j) = P(X=x_i)P(Y=y_j)$$

独立な確率変数の平均，分散，標準偏差

X と Y が独立な確率変数であるとき，次の式が成り立つ。

$$E(XY) = E(X)E(Y), \qquad V(X+Y) = V(X) + V(Y),$$
$$\sigma(X+Y) = \sqrt{V(X)+V(Y)} = \sqrt{\{\sigma(X)\}^2 + \{\sigma(Y)\}^2}$$

2　二項分布

二項分布

n 回の反復試行において，事象 A が起こる回数を X とする。X は確率変数であり，その確率分布は

$$P(X=r) = {}_n\mathrm{C}_r p^r q^{n-r} \quad \text{ただし，} \quad q=1-p, \quad r=0,1,2,\cdots,n$$

となる。この確率分布を**二項分布**といい，$B(n,\ p)$ と表す。

（第2節 p.186 の「反復試行の確率」を参照）

二項分布の平均，分散，標準偏差

確率変数 X が二項分布 $B(n,\ p)$ に従うとき，$q=1-p$ とすると次の式が成り立つ。

$$E(X) = np, \qquad V(X) = npq, \qquad \sigma(X) = \sqrt{V(X)} = \sqrt{npq}$$

3 正規分布

離散型確率変数，連続型確率変数，確率密度関数

　これまで学んだとびとびの値をとる確率変数を**離散型確率変数**といい，これに対して，連続的な値をとる確率変数を連続型確率変数という。**連続型確率変数** X に対して，確率密度関数 $y = f(x)$ を対応させると，次の性質が成り立つ。

① つねに $f(x) \geqq 0$

② 確率 $P(a \leqq X \leqq b)$ は，曲線 $y = f(x)$ と x 軸および2直線 $x = a$, $x = b$ で囲まれた部分の面積に等しい。

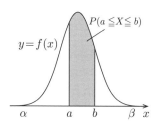

$$P(a \leqq X \leqq b) = \int_a^b f(x)dx$$

③ 曲線 $y = f(x)$ と x 軸で囲まれた部分の面積は 1 となる。

　すなわち，X のとる値の範囲が $\alpha \leqq X \leqq \beta$ のとき，$\displaystyle\int_\alpha^\beta f(x)dx = 1$

　この関数 $f(x)$ を X の**確率密度関数**，曲線 $y = f(x)$ を**分布曲線**という。

連続型確率変数の平均，分散

　確率変数 X のとる値の範囲が $\alpha \leqq X \leqq \beta$ で，X の確率密度関数を $f(x)$ とするとき，次の式が成り立つ。

$$E(X) = \int_\alpha^\beta xf(x)dx, \qquad V(X) = \int_\alpha^\beta \{x - E(X)\}^2 f(x)dx$$

また，X の分散は次の式で求めることもできる。

$$V(X) = \int_\alpha^\beta x^2 f(x)dx - \{E(X)\}^2$$

正規分布

　連続型確率変数 X の確率密度関数 $f(x)$ が

$$f(x) = \frac{1}{\sqrt{2\pi}\sigma} e^{-\frac{(x-m)^2}{2\sigma^2}} \qquad (m \text{ は実数，} \sigma \text{ は正の実数})$$

である確率分布を**正規分布**といい，$N(m, \sigma^2)$ で表し，曲線 $y = f(x)$ を**正規分布曲線**という。ここで e は無理数で，$e = 2.71828\cdots$ である。

正規分布の平均，分散

　確率変数 X が正規分布 $N(m, \sigma^2)$ に従う
とき，X の平均 $E(X)$ と標準偏差 $\sigma(X)$ は
次のようになることが知られている。

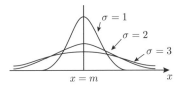

$$E(X) = m, \qquad \sigma(X) = \sigma$$

正規分布曲線の性質

① 直線 $x = m$ に関して対称であり，$f(x)$ は $x = m$ で最大となる。

② x 軸を漸近線とする。

③ 曲線の山は，標準偏差 σ が大きくなるほど低くなり，σ が小さくなる（0 に
　近くなる）ほど高くなり，対称軸 $x = m$ のまわりに集まる。

標準正規分布

　確率変数 X が正規分布 $N(m, \sigma^2)$ に従うとき，$Z = \dfrac{X - m}{\sigma}$ とすると，確率
変数 Z は平均 0，標準偏差 1 の正規分布 $N(0, 1)$ に従うことが知られている。
この正規分布 $N(0, 1)$ を**標準正規分布**
といい，標準正規分布に従う Z の確率
密度関数は $f(z) = \dfrac{1}{\sqrt{2\pi}} e^{-\frac{z^2}{2}}$ となる。

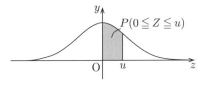

確率 $P(0 \leqq Z \leqq u)$ の値を表にまとめ
たものを**正規分布表**という。（p.234 に
掲載）

正規分布による二項分布の近似

　二項分布 $B(n, p)$ に従う確率変数 X は n が大きいとき，近似的に平均 np，
標準偏差 $\sqrt{npq}$ $(q = 1 - p)$ の正規分布 $N(np, npq)$ に従うことが知られている。
$Z = \dfrac{X - np}{\sqrt{npq}}$ とすると，Z は近似的に標準正規分布 $N(0, 1)$ に従う。

4 母集団と標本，推定

全数調査，標本調査

　統計調査には，調査の対象全体を調べる**全数調査**と，対象全体から一部を抜き出して調べ，その結果から全体を推測する**標本調査**がある。標本調査では，調べたい対象全体の集合を**母集団**といい，調査のために母集団から抜き出された要素の集合を**標本**という。母集団から標本を抜き出すことを**抽出**という。母集団から標本を抽出するとき，抽出するたびに元に戻して抽出する方法を**復元抽出**といい，元に戻さないで続けて抽出する方法を**非復元抽出**という。また，母集団，標本の要素の個数をそれぞれ**母集団の大きさ**，**標本の大きさ**という。

母集団分布

　母集団における変量の分布を**母集団分布**といい，母集団分布の平均，分散，標準偏差をそれぞれ**母平均**，**母分散**，**母標準偏差**といい，m，σ^2，σ で表す。母集団から無作為に抽出した大きさ n の標本を X_1, X_2,$\cdots$,X_n とするとき，それらの平均 $\overline{X} = \dfrac{1}{n}(X_1 + X_2 + \cdots + X_n)$ を**標本平均**，標準偏差 $S = \sqrt{\dfrac{1}{n}\displaystyle\sum_{k=1}^{n}(X_k - \overline{X})^2}$ を**標本標準偏差**という。

標本平均の平均，標準偏差

　母平均 m，母標準偏差 σ の母集団から大きさ n の標本を無作為に抽出するとき，標本平均 $\overline{X}$ について，$E(\overline{X}) = m$，$\sigma(\overline{X}) = \dfrac{\sigma}{\sqrt{n}}$ が成り立つ。

母平均の推定

　母平均 m，母標準偏差 σ をもつ母集団から無作為に抽出された大きさ n の標本の標本平均 $\overline{X}$ について，n が十分大きいとき，$Z = \dfrac{\overline{X} - m}{\frac{\sigma}{\sqrt{n}}}$ とすると，Z は近似的に標準正規分布 $N(0, 1)$ に従うとみなせる。正規分布表より $P(|Z| \leqq 1.96) = 0.95$ となり，これは

$$P\left(\overline{X} - 1.96 \times \frac{\sigma}{\sqrt{n}} \leqq m \leqq \overline{X} + 1.96 \times \frac{\sigma}{\sqrt{n}}\right) = 0.95$$

と表すことができ，区間 $\overline{X} - 1.96 \times \dfrac{\sigma}{\sqrt{n}} \leqq m \leqq \overline{X} + 1.96 \times \dfrac{\sigma}{\sqrt{n}}$ を母平均 m に対する**信頼度95%の信頼区間**といい $\left[\overline{X} - 1.96 \times \dfrac{\sigma}{\sqrt{n}},\ \overline{X} + 1.96 \times \dfrac{\sigma}{\sqrt{n}}\right]$ のようにも表す。

　これは，この区間が母平均 m の値を含むことが約95%の確率で期待できることを示している。

母比率の推定

母集団の中で，ある性質 A をもつ要素の割合を母集団における**母比率**といい，標本の中で性質 A をもつ要素の割合を標本における**標本比率**という。標本比率の値から母比率の値を推定することを母比率の**推定**という。

n が十分大きいとき，二項分布 $B(n, p)$ は近似的に正規分布 $N(np, np(1-p))$ に従い，$\dfrac{X - np}{\sqrt{np(1-p)}} = \dfrac{\frac{X}{n} - p}{\sqrt{\frac{p(1-p)}{n}}}$ は近似的に標準正規分布 $N(0, 1)$ に従うので，母平均の推定と同様に

$$P\left(\frac{X}{n} - 1.96\sqrt{\frac{p(1-p)}{n}} \leqq p \leqq \frac{X}{n} + 1.96\sqrt{\frac{p(1-p)}{n}} \right) = 0.95$$

となる。

5 仮説検定

仮説検定

母集団についてある仮説を立て，その仮説を受け入れてよいか判断する方法を**仮説検定**という。通常，否定したい仮説を**帰無仮説**といい H_0 で表し，判断したい仮説を**対立仮説**といい H_1 で表す。たとえば，あるさいころにおいて，1 の目が出やすいかどうか検定する場合，「1 の目が出る確率は $\dfrac{1}{6}$ である」が帰無仮説 H_0 であり，「1 の目が出やすい」は対立仮説 H_1 である。

帰無仮説が正しくないと判断することを**棄却する**といい，帰無仮説を棄却する基準を**有意水準（危険率）**という。有意水準は 5% または 1% とすることが多い。

有意水準 α に対して，帰無仮説が棄却される確率変数の値の範囲を**棄却域**という。

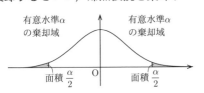

仮説検定の手順

- 帰無仮説 H_0 を立てる。
- 有意水準から棄却域を求める。
- 標本から得られた値が棄却域に入れば H_0 を棄却し，棄却域に入らなければ H_0 を棄却しない。

両側検定，片側検定

棄却域を左右両側にとる検定を**両側検定**，棄却域を右側，左側のいずれかにとる検定を**片側検定**という。

1次対策演習 17　[期待値・分散・標準偏差] ＝＝＝＝＝＝ 数学B

赤球 2 個，白球 3 個が入った袋から 2 個の球を同時に取り出すとき，白球の個数を X として，X の平均 $E(X)$，分散 $V(X)$，標準偏差 $\sigma(X)$ をそれぞれ求めなさい。

解答

 $_5C_2 = 10$ で，それぞれの確率は，X の値により右のようになる。

X	0	1	2	計
P	$\dfrac{1}{10}$	$\dfrac{6}{10}$	$\dfrac{3}{10}$	1

$$E(X) = 0 \cdot \frac{1}{10} + 1 \cdot \frac{6}{10} + 2 \cdot \frac{3}{10} = \frac{12}{10} = \frac{6}{5} \qquad \cdots\cdots(\text{答})$$

$$V(X) = \left(0 - \frac{6}{5}\right)^2 \cdot \frac{1}{10} + \left(1 - \frac{6}{5}\right)^2 \cdot \frac{6}{10} + \left(2 - \frac{6}{5}\right)^2 \cdot \frac{3}{10} = \frac{9}{25} \qquad \cdots(\text{答})$$

$$\sigma(X) = \sqrt{V(X)} = \sqrt{\frac{9}{25}} = \frac{3}{5} \qquad \cdots\cdots(\text{答})$$

一言コメント

$X = 0$ のとき　$P(X=0) = \dfrac{_2C_2}{_5C_2} = \dfrac{1}{10}$

$X = 1$ のとき　$P(X=1) = \dfrac{_2C_1 \times _3C_1}{_5C_2} = \dfrac{6}{10} = \dfrac{3}{5}$

$X = 2$ のとき　$P(X=2) = \dfrac{_3C_2}{_5C_2} = \dfrac{3}{10}$　　となる。

1次対策演習 18　[二項分布] ＝＝＝＝＝＝ 数学B

1 枚の硬貨を 6 回投げるとき，表の出る回数 X の平均 $E(X)$，分散 $V(X)$，標準偏差 $\sigma(X)$ をそれぞれ求めなさい。

解答

表の出る回数 X は二項分布 $B\left(6, \dfrac{1}{2}\right)$ に従うから，

$$E(X) = 6 \times \frac{1}{2} = 3 \quad \cdots(\text{答}) \qquad V(X) = 6 \times \frac{1}{2} \times \left(1 - \frac{1}{2}\right) = \frac{6}{4} = \frac{3}{2} \quad \cdots(\text{答})$$

$$\sigma(X) = \sqrt{\frac{3}{2}} = \frac{\sqrt{6}}{2} \qquad \cdots\cdots(\text{答})$$

一言コメント

確率変数 X が二項分布 $B(n,p)$ に従うとき，$q = 1-p$ とすると

$$E(X) = np, \qquad V(X) = npq, \qquad \sigma(X) = \sqrt{V(X)} = \sqrt{npq}$$

1次対策演習 19　　[正規分布] ──────── 数学B

確率変数 X が正規分布 $N(3, 5^2)$ に従うとき，正規分布表を用いて確率 $P(-2 \leqq X \leqq 8)$ を求めなさい。

解答

確率変数 X が正規分布 $N(3, 5^2)$ に従うとき，$Z = \dfrac{X-3}{5}$ は $N(0, 1)$ に従う。

$X = -2$ のとき $Z = -1$，$X = 8$ のとき $Z = 1$ であるから

$P(-2 \leqq X \leqq 8) = P(-1 \leqq Z \leqq 1) = 2P(0 \leqq Z \leqq 1) = 2 \times 0.34134 = 0.68268$ ⋯(答)

一言コメント

上の　$P(-1 \leqq Z \leqq 1) = 2P(0 \leqq Z \leqq 1)$　の変形について

正規分布の対称性から　　$P(-1 \leqq Z \leqq 0) = P(0 \leqq Z \leqq 1)$

よって　$P(-1 \leqq Z \leqq 1) = P(-1 \leqq Z \leqq 0) + P(0 \leqq Z \leqq 1)$

　　　　$= P(0 \leqq Z \leqq 1) + P(0 \leqq Z \leqq 1) = 2 \times P(0 \leqq Z \leqq 1)$　　となる。

1次対策演習 20　　[二項分布の正規分布による近似] ──── 数学B

1枚の硬貨を 400 回投げて，表の出る回数を X とするとき，X が 180 以下の値をとる確率を求めなさい。

解答

X は二項分布 $B\left(400, \dfrac{1}{2}\right)$ に従う。期待値 m，標準偏差 σ は，

$$m = 400 \times \frac{1}{2} = 200 \qquad \sigma = \sqrt{400 \times \frac{1}{2} \times \frac{1}{2}} = \sqrt{100} = 10$$

よって，$Z = \dfrac{X - 200}{10}$ は近似的に標準正規分布 $N(0, 1)$ に従う。

$$P(X \leqq 180) = P\left(Z \leqq \frac{180 - 200}{10}\right) = P(Z \leqq -2) = P(Z \geqq 2)$$
$$= 0.5 - P(0 \leqq Z \leqq 2) = 0.5 - 0.47725 = 0.02275 \quad \cdots(答)$$

一言コメント

$P(Z \leqq -2) = P(Z \geqq 2)$　　ここでも，正規分布の対称性を用いている。

$0.47725 \times 2 = 0.95450$ であるから，1枚の硬貨を 400 回投げて，表の回数が 200 ± 20 の間（標準偏差4個の間）にくる確率は 95% 以上であるとわかる。

2次対策演習11　［正規分布の応用］━━━━━━━━━━ 数学B

　ある高校の2年生男子の身長の分布は，平均170cm，標準偏差5cmの正規分布に近似的に従うとします。この高校の2年生男子のうち，身長が175cm以上の生徒の割合は何%ですか。正規分布表を用いて求め，小数第2位を四捨五入してください。

POINT

　もとの確率変数を標準正規分布に変換することを考えてみよう。

　身長を X cm とする。$Z = \dfrac{X-170}{5}$ とおくと，Z は標準正規分布 $N(0,1)$ に従う。

　$X = 175$ のとき，$Z = \dfrac{175-170}{5} = 1$ であるから，正規分布表より

> 確率変数 X が正規分布 $N(m, \sigma^2)$ に従うとき，$Z = \dfrac{X-m}{\sigma}$ とすると，確率変数 Z は平均0，標準偏差1の標準正規分布 $N(0,1)$ に従う。

$$P(X \geqq 175) = P(Z \geqq 1)$$
$$= 0.5 - P(0 \leqq Z \leqq 1)$$
$$= 0.5 - 0.3413 = 0.1587$$

　よって，身長が175cm以上の生徒の割合は，約15.9%である。　……(答)

一言コメント

確率変数 Z が平均0，標準偏差1の標準正規分布 $N(0,1)$ に従うとき，正規分布表から次の確率を求め，何人に1人の割合か調べてみよう。

$$P(Z \geqq 0) = 0.5 \quad \text{全体の半分の割合}$$

$$P(Z \geqq 1) = 0.5 - P(0 \leqq Z \leqq 1) = 0.5 - 0.3413 = 0.1587$$
　　　約6人に1人の割合

$$P(Z \geqq 2) = 0.5 - P(0 \leqq Z \leqq 2) = 0.5 - 0.4772 = 0.0228$$
　　　約44人に1人の割合

$$P(Z \geqq 3) = 0.5 - P(0 \leqq Z \leqq 3) = 0.5 - 0.49865 = 0.00135$$
　　　約741人に1人の割合

[2次対策演習12]　　**[母平均の推定]** ━━━━━━━━━ 数学B

ある工場で生産している製品Aの中から無作為に100個を抽出して重さを
調べたところ，重さの平均は120kgであった。母標準偏差を14kgとして，
この工場で生産している製品Aの重さの平均を次の信頼度で推定しなさ
い。

(1) 信頼度95%　　　　　　　(2) 信頼度99%

POINT

母平均 m に対する**信頼度95%の信頼区間**は

$$\left[\overline{X} - 1.96 \times \frac{\sigma}{\sqrt{n}}, \ \overline{X} + 1.96 \times \frac{\sigma}{\sqrt{n}} \right]$$

 解答

(1) $\overline{X} \pm 1.96 \times \dfrac{14}{\sqrt{100}} = 120 \pm 1.96 \times 1.4 = 120 \pm 2.744$

$120 - 2.744 = 117.256$ ， $120 + 2.744 = 122.744$

よって信頼区間は　　[117.256, 122.744]　　　　……(答)

(2) $\overline{X} \pm 2.58 \times \dfrac{14}{\sqrt{100}} = 120 \pm 2.58 \times 1.4 = 120 \pm 3.612$

$120 - 3.612 = 116.388$ ， $120 + 3.612 = 123.612$

よって信頼区間は　　[116.388, 123.612]　　　　……(答)

一言コメント

(1) 正規分布表より，$P(|Z| \leqq 1.96) = P(-1.96 \leqq Z \leqq 1.96) \fallingdotseq 0.95$
標本平均 $\overline{X} = 120$，母標準偏差 $\sigma = 14$，標本の大きさ $n = 100$ であり
$Z = \dfrac{\overline{X} - m}{\frac{\sigma}{\sqrt{n}}} = \dfrac{120 - m}{\frac{14}{10}}$ は，近似的に標準正規分布 $N(0,1)$ に従うから

$$-1.96 \leqq \frac{120 - m}{1.4} \leqq 1.96$$

$$120 - 1.96 \times 1.4 \leqq m \leqq 120 + 1.96 \times 1.4$$

$$120 - 2.744 \leqq m \leqq 120 + 2.744$$

これを計算して，信頼区間は，[117.256, 122.744] を得る。

(2) では，正規分布表より，$P(|Z| \leqq 2.58) = P(-2.58 \leqq Z \leqq 2.58) \fallingdotseq 0.99$ なの
で，(1) の1.96を(2)では2.58におきかえて計算する。

2次対策演習13 ［仮説検定の考え方］ ━━━━━━ 数学 I

ある文房具メーカーでシャープペンシル P を改良して新製品 Q を発売しま
した。20 人のモニターに使いやすさを比べてもらったところ，15 人が使
いやすくなったと回答しました。この結果から，「新製品 Q の方が使いやす
い」という仮説を有意水準5%で検定しなさい。
次の表は 20 枚の硬貨を投げる実験を 200 回行ったとき表が出た枚数ごと
の回数を示したものです。この結果を用いなさい。

表の枚数	5	6	7	8	9	10	11	12	13	14	15	16	17	合計
回数	1	2	2	7	20	30	24	34	30	23	20	6	1	200

POINT

もし，めったに起こらないはずのことが起きたのなら，それは偶然でな
く，強い意味があると考えられる。確率 0.05 を基準に調べてみよう。

 解答

　　仮説 (A)　「元の製品 P と新製品 Q の使いやすさは同等」
　　仮説 (B)　「新製品 Q の方が使いやすい」

　知りたいのは (B) であるが，これに対して (A) について考える。もし，実験
結果から (A) が否定されれば (B)「新製品 Q の方が使いやすい」と判断され
る。20 枚の硬貨を投げる実験を 200 回行っ
て，表が出た枚数が 15 枚以上となる相対度
数は

> 表が出た枚数 15 枚だけでなく，表が
> 出た枚数 15 枚以上の相対度数と基準
> 0.05 を比較する。

$$(20+6+1) \div 200 = 0.135$$

であった。基準となる確率 0.05 と比較して

> 0.135 > 0.05 より，20 枚中 15 枚表が
> 出ることは，めったに起こらないと
> はいえない。

$$0.135 > 0.05$$

よって，(A) は否定されない。　　……(答)

一言コメント

わかったことは，「新製品 Q の方が使いにくいと判断できる」ではない。また，
「元の製品 P と新製品 Q の使いやすさは同等である」でもない。

2次対策演習14　［仮説検定］ ———————————— 数学B

ある飲料メーカーが500mL入りと表示しているペットボトルの中から，無作為に100本を抽出して調べたところ，平均値が498mLであった。母標準偏差が9mLであるとき，「1本あたりの内容量の母平均は500mLではない」という仮説を有意水準5%で検定しなさい。

POINT

「1本あたりの内容量の母平均は500mLである」という仮説を立てて考えてみよう。

解答

仮説(A)　「1本あたりの内容量の母平均は500mLである」
仮説(B)　「1本あたりの内容量の母平均は500mLではない」
知りたいのは(B)であるが，これに対して(A)について考える。

$n=100$，$\sigma=9$，標本平均 $\overline{X}$ とする。

n が十分大きいと考えると，$\overline{X}$ は近似的に正規分布 $N\left(500, \dfrac{9^2}{100}\right)$ に従う。また，$Z=\dfrac{\overline{X}-500}{\frac{\sigma}{\sqrt{n}}}=\dfrac{\overline{X}-500}{\frac{9}{\sqrt{100}}}=\dfrac{\overline{X}-500}{0.9}$ は，近似的に標準正規分布 $N(0,1)$ に従う。

正規分布表より，$P(|Z|\leqq 1.96)\fallingdotseq 0.95$ であるから，

有意水準5%の棄却域は　　$Z\leqq -1.96$, $1.96\leqq Z$

標本平均 $\overline{X}=498$ のとき，　$Z=\dfrac{498-500}{0.9}=-2\div 0.9\fallingdotseq -2.22$　であり，これは棄却域に入るから，仮説(A)は棄却される。　　……(答)

一言コメント

仮説(A)　「1本あたりの内容量の母平均は500mLである」を帰無仮説，
仮説(B)　「1本あたりの内容量の母平均は500mLではない」を対立仮説という。
(A)の帰無仮説は棄却される場合のみ意味をもつ仮説である。

第 **10** 章
特有問題

整数 n を用いて n^2 と表される数を平方数といいます。$121 (= 11^2)$ のように右から読んでも左から読んでも同じ平方数となるような数を，ここでは回文平方数とよぶことにします。5桁の回文平方数のうち，どの位にも 0 を含まないような例を3つ挙げなさい。この問題は解法の過程を記述せずに，答だけを書いてください。

POINT

> 検査上の注意に「電卓を使用することができます。」と書いてあるので，電卓を使用することが想定された問題であろう。例えば，$111^2 = 12321$ は5桁の回文平方数。受検者は，いくつかの平方数を具体的に電卓で計算を試してみて，答を出したと思われる。

解答

$12321 (= 111^2)$,　　　$14641 (= 121^2)$,　　　$44944 (= 212^2)$,

$69696 (= 264^2)$,　　　$94249 (= 307^2)$　　　のうちのいずれか3つ。　　……(答)

一言コメント

電卓で5桁の 0 を含まない最小数 11111 の平方根は，$105.408\cdots$ であり，最大数 99999 の平方根は $316.226\cdots$ となる。求める数 n は $106 \leqq n \leqq 316$。平方数の最高位の数と1の位の数が一致するから，1●1のとき，● $= 1, 2, 3, \cdots$ を調べる。数が大きくなる (● $\geqq 5$) と最高位が1ではなく2になり不適。
3●○のとき，● $= 0, 1$ のみ。○も2乗して1の位に9が現れる数は 3, 7 のみ。
2●○のとき，○は偶数のみで，小さい数から考えていくとよいだろう。
12321，14641，94249 の3数を挙げた受検者が多かったのではないだろうか。

特有問題2

　1から20までの自然数を十進法で表したとき，0または9を含むものは

9, 10, 19, 20

の4個であり，その中に0は2回，1は2回現れます。なお，100は0が2回現れると数えることとします。

(1)　1から100までのすべての自然数を十進法で表したとき，0と9の現れる回数をそれぞれ求めなさい。

(2)　1から1000までのすべての自然数を十進法で表したとき，0と9の現れる回数をそれぞれ求めなさい。

(1) (2) ともに解法の過程を記述せずに，答だけを書いてください。

POINT

　十進記数法では，最高位の桁には0を使わないルールだから，単純な組み合わせの問題にはならないことに注意しよう。

 解答

(1)　0の現れる回数　　11回，　　9の現れる回数　　20回　　　　　……(答)

(2)　0の現れる回数　　192回，　　9の現れる回数　　300回　　　　……(答)

一言コメント

(1) 1から100までの自然数を十進法で表したとき，0と9を含むものは

9, 10, 19, 20, 29, 30, 39, 40, 49, 50, 59, 60, 69, 70, 79, 80, 89, 90, 91, 92, 93, 94, 95, 96, 97, 98, 99, 100

の28個であり，そのなかに0は11回，9は20回現れる。

(2) [9について] 一の位　1000までの一の位に9が現れるのは100回である。

十の位　00から99までの十の位に9が現れるのは90から99までの10回。これを10回繰り返すので，1000までの十の位に9が現れるのは100回である。

百の位　000から999の百の位に9が現れるのは900から999の100回。

以上を合計して100＋100＋100＝300　　300回

[0について] 百の位までは1から9までの数字については，9の場合と同様に位ごとに100回ずつ現れるので，それぞれ合計で300回現れる。1000で1が現れることに注意すると1から9までの数字が表れる回数は301＋300×8＝2701回　　　……①

1から1000までの自然数の十進表記に現れる数字の総数は

1桁の数　1～9　9個，　　　2桁の数　10～99　2×(99−9)＝180個

3桁の数　100～999　3×(999−99)＝2700個　　　4桁の数　1000　4個

これらの合計　2893個　……②　　よって①②から 2893−2701＝192回

特有問題3 ────────────────────────

2人で次のような「石取りゲーム」を行います。

小石を1段目（上段）に m 個，2段目（下段）に n 個並べ，次のルールに従って，2人でその小石を交互に取り合います。

ルール 1	同時に取ることができるのは同じ段の石のみで，1回に1個以上，最大何個でも取ることができる。
2	最後に石を取ったほうが勝ちである。

このゲームを，2段石取りゲーム (m, n) ということにします。

1段目
2段目　　先手　　後手　　先手　　後手　　後手の勝ち

これを

$(2,3)$ →先手→ $(2,2)$ →後手→ $(1,2)$ →先手→ $(1,0)$ →後手→ $(0,0)$ 後手の勝ち

と表すことにします。

2段石取りゲーム $(2, 3)$ において，先手がまず2段目から1個の石を取ると，その後，後手がどのような手を選んだとしても，それに対して先手が上手く手を選べば，必ず先手が勝つことが知られています（これを先手必勝という）。そのことを

$(2,3)$ →先手→ $(2,2)$ →後手→ $(1,2)$ →先手→ $(1,0)$ →後手→ $(0,0)$ 後手の勝ち

の書き方で場合分けをして示してください。

解答 ────────────────────────

$(2,3)$ →先手→ $(2,2)$ →後手→ $(1,2)$ →先手→ $(1,1)$ →後手→ $(1,0)$ →先手→ $(0,0)$ 先手の勝ち
$(2,3)$ →先手→ $(2,2)$ →後手→ $(1,2)$ →先手→ $(1,1)$ →後手→ $(0,1)$ →先手→ $(0,0)$ 先手の勝ち
$(2,3)$ →先手→ $(2,2)$ →後手→ $(0,2)$ →先手→ $(0,0)$ 先手の勝ち
$(2,3)$ →先手→ $(2,2)$ →後手→ $(2,1)$ →先手→ $(1,1)$ →後手→ $(1,0)$ →先手→ $(0,0)$ 先手の勝ち
$(2,3)$ →先手→ $(2,2)$ →後手→ $(2,1)$ →先手→ $(1,1)$ →後手→ $(0,1)$ →先手→ $(0,0)$ 先手の勝ち
$(2,3)$ →先手→ $(2,2)$ →後手→ $(2,0)$ →先手→ $(0,0)$ 先手の勝ち

場合の数は6通りあり，いずれの場合も先手が勝利することができる。

一言コメント ────────────────────────

先手は後手が取ったのち，石が上段にも下段にも石が残っていれば，上段と下段の石の数が揃うように取ればよい（2進数によって示すことができる）。

特有問題4

以下のような数の組 $S_1, S_2, S_3, \cdots$ を考えます。

$$S_1 = \{1\}, \qquad S_2 = \{1, 2, 1\}, \qquad S_3 = \{1, 2, 1, 3, 1, 2, 1\}, \qquad \cdots$$

すなわち，n 番目の項 S_n は $2^n - 1$ 個の数の列で，S_n は，「S_{n-1}, n, S_{n-1}」を連接したものになっています。S_n に含まれる数の和を T_n とします。いくつかの T_n の例を示すと，

$$T_1 = 1, \qquad T_2 = 1 + 2 + 1 = 4, \qquad T_3 = 4 + 3 + 4 = 11$$

となります。このとき T_5 と T_n を求めなさい。

この問題は解法の過程を記述せずに，答だけを書いてください。

POINT

T_5 は手計算で $T_1, T_2, \cdots, T_5$ と，順に求めればよい。

解答

$$T_5 = 57, \qquad T_n = 2^{n+1} - (n + 2) \qquad\qquad \cdots\cdots(答)$$

一言コメント

（前半）$T_n = 2T_{n-1} + n$ の関係を用いて $T_1, T_2, \cdots, T_5$ を順に求める。問題文の
$T_1 = 1, \quad T_2 = 1 + 2 + 1 = 4, \quad T_3 = 4 + 3 + 4 = 11$ に続けて，

$$T_4 = 2T_3 + 4 = 2 \cdot 11 + 4 = 26, \qquad T_5 = 2T_4 + 5 = 2 \cdot 26 + 5 = 57$$

（後半）漸化式 $T_n = 2T_{n-1} + n, \quad T_1 = 1$ を解いて $T_n = 2^{n+1} - (n+2)$ を求めて計算することができる。

漸化式 $T_n = 2T_{n-1} + n$ の番号を 1 つずらした式つまり $T_{n+1} = 2T_n + n + 1$,
$T_1 = 1$ を実際に解く。

$U_n = T_n + an + b$ とおくと
$U_{n+1} = T_{n+1} + a(n+1) + b$
$U_{n+1} = 2U_n$ $\cdots\cdots①$ とすると
$T_{n+1} + a(n+1) + b = 2(T_n + an + b)$
変形して

> $T_{n+1} = 2T_n + n + 1 \cdots\cdots ㋐$
> $T_n = 2T_{n-1} + n \cdots\cdots ㋑$
> ㋐－㋑を計算して階差数列として解くこともできる。

$T_{n+1} = 2T_n + an - a + b$ よって $a = 1, -a + b = 1$ より，$a = 1, b = 2$
このとき $U_n = T_n + n + 2$, ①を解くと $U_n = U_1 \cdot 2^{n-1}$ $U_1 = T_1 + 1 + 2 = 4$ より
$U_n = 4 \cdot 2^{n-1}$ よって $U_n = T_n + n + 2$ より，$T_n + n + 2 = 4 \cdot 2^{n-1}$
ゆえに $T_n = 2^{n+1} - (n+2)$

特有問題5

次のように4つの関数を定めます。

$$F(X) = X^2 - 2X, \qquad G(X) = 2^X,$$
$$H(X, Y) = |X - Y|,$$
$$I(X, Y) = (X + Y) - XY$$

このとき以下の問いに答えなさい。

(1) $F(H(2, 5))$ の値を求めなさい。

(2) $I(G(3), F(2))$ の値を求めなさい。

(3) $H(X, 2) = F(I(X, 2))$ を満たす X をすべて求めなさい。

POINT

関数の定義に注意して，求めてみよう。

 解答

(1) $H(2, 5) = |2 - 5| = |-3| = 3$ だから

$$F(H(2, 5)) = F(3) = 3^2 - 2 \times 3 = 9 - 6 = 3 \qquad \cdots\cdots（答）$$

(2) $G(3) = 2^3 = 8$

$F(2) = 4 - 4 = 0$

よって

$$I(G(3),\ F(2)) = I(8, 0) = (8 + 0) - 8 \times 0 = 8 \qquad \cdots\cdots（答）$$

(3) $H(X, 2) = |X - 2|$

また $I(X, 2) = (X + 2) - 2X = -X + 2$ だから

$$F(I(X, 2)) = F(-X + 2) = (-X + 2)^2 - 2(-X + 2) = X^2 - 2X$$

よって $|X - 2| = X^2 - 2X$ を解けばよい。

i) $X \geqq 2$　のとき

$$X - 2 = X^2 - 2X$$

$$X^2 - 3X + 2 = 0$$

$$(X - 2)(X - 1) = 0$$

$$X = 1, \, 2$$

$$X \geqq 2 \quad より \quad X = 2$$

ii)　$X < 2$ のとき

$$-X + 2 = X^2 - 2X$$

$$X^2 - X - 2 = 0$$

$$(X - 2)(X + 1) = 0$$

$$X = 2, -1$$

$$X < 2 \, だから \quad X = -1$$

i) ii) から

$$X = 2, -1 \qquad\qquad \cdots\cdots(答)$$

一言コメント

高校で学習する関数は $y = f(x)$ のように，y が x を用いて表された形で表現されることが多いが，$H(X, Y) = |X - Y|$，　$I(X, Y) = (X + Y) - XY$ のような関数の表現方法もある。定義をきちんと理解していることが大切である。

特有問題6

定数 a, b がすべての実数値をとって変わるとき，2次関数 $y = x^2 + ax + b$ について，次の問いに答えなさい。

(1) 1, a, b がこの順で等差数列となるとき，2次関数 $y = x^2 + ax + b$ のグラフは定点を通ります。この定点の座標を求めなさい。

(2) 1, a, b がこの順で等比数列となるとき，2次関数 $y = x^2 + ax + b$ のグラフの通りうる領域を表す不等式を求めなさい。

POINT

(1) 1, a, b がこの順で等差数列だから，$2a = 1 + b$ を用いよう。

(2) 1, a, b がこの順で等比数列だから，$a^2 = 1 \times b$ を用いよう。

解答

(1) 1, a, b がこの順で等差数列だから，　$2a = 1 + b$,　　　$b = 2a - 1$
これを $y = x^2 + ax + b$ に代入して　$y = x^2 + ax + 2a - 1$
a について整理すると　$a(x + 2) + (x^2 - y - 1) = 0$
すべての実数 a について成り立つから a についての恒等式となればよい。

$$x + 2 = 0, \qquad x^2 - y - 1 = 0$$

これを解くと　$x = -2$,　$y = 3$
よって定点の座標は $(-2, 3)$ 　　　　　　　　　　　　　　　　……(答)

(2) 1, a, b がこの順で等比数列だから，　$a^2 = 1 \times b$,　　　$b = a^2$
これを $y = x^2 + ax + b$ に代入して　$y = x^2 + ax + a^2$
a について整理すると　$a^2 + xa + x^2 - y = 0$
a についての2次方程式とみなすと実数解をもつので，判別式 $D \geqq 0$

よって $D = x^2 - 4(x^2 - y) \geqq 0$　　　$-3x^2 + 4y \geqq 0$　　　$y \geqq \dfrac{3}{4}x^2$　……(答)

一言コメント

2次関数と数列（等差数列・等比数列）の融合問題である。条件から文字 b を消去して，(1) は恒等式になる条件，(2) は実数解をもつということで判別式 $\geqq 0$ の条件から答えを導こう。

⎡特有問題 7⎤

図のように曲線 C と異なる 2 点
A，B がある。点 P は曲線 C 上に
あり，

$$\angle APB = 30^\circ$$

である。定規とコンパスを用い
て点 P を作図しなさい。
ただし，作図に用いた線は消さずに残しておくこと。

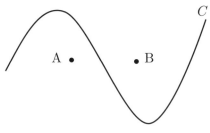

POINT

30° の角を作図する前にもっと作図しやすいのは何度の角か，考えてみ
よう。

⎡解答⎤

　まず，辺 AB を一辺とする正三角
形をかく。

　この正三角形は 2 つかくことがで
きて，正三角形の A，B 以外の頂点
をそれぞれ D，E とする。このとき
$\angle ADB = 60^\circ$，$\angle AEB = 60^\circ$ である。

　正三角形 ADB において点 D が
中心，線分 AD を半径とする円をか
く。この円と曲線 C との交点（の

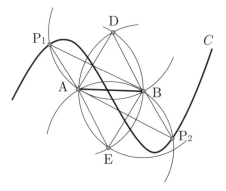

うち，直線 AB に関して D と同じ側にあるもの）が P である。正三角形 AEB
においても同様。

　作図するべき点は，図の P_1，P_2 である。

⎡一言コメント⎤

点 D が中心，線分 AD を半径とする円における弦 AB について，$\angle ADB$ は中
心角，$\angle AP_1B$ は円周角である。ここでは，中心角の大きさの半分が円周角で
あるという性質を使っている。

この問題では点 P が 2 個存在したが，曲線 C の形や，2 点 A，B の位置によっ
ては $\angle APB$ となる点 P の個数は 2 個より多くなることも少なくなることも
ある。

特有問題8

四面体 OABC において，辺 OA，AB，BC，CO の中点をそれぞれ D，E，F，G とする。（ベクトルを用いずに）次のことを説明してください。

(1) 4点 D，E，F，G は同じ平面上にある。

(2) 線分 DF と線分 EG の交点はそれぞれの中点である。

POINT

四面体の2つの面（三角形）にそれぞれに注目してみよう。

解答

(1) まず，△OAB において点 D，E はそれぞれ 辺 AO, AB の中点だから，中点連結定理より

$$OB /\!/ DE \cdots ①, \qquad OB = 2DE \cdots ②$$

一方，△OCB においても同様に

$$OB /\!/ GF \cdots ③, \qquad OB = 2GF \cdots ④$$

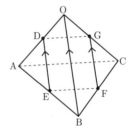

①，③より　DE//GF

平行な2直線は同じ平面上にあるから，4点 D，E，F，G は同じ平面上にある。

(2) ①，③より　DE//GF … ⑤

②，④より　DE = GF … ⑥

⑤，⑥より四角形 DEFG の辺 DE と GF は平行で長さが等しい。

よって，四角形 DEFG は平行四辺形である。

平行四辺形の対角線は，それぞれの中点で交わるから，

線分 DF と線分 EG の交点はそれぞれの中点である。

一言コメント

空間内の異なる2直線の位置関係は

　　　　[1] 1点で交わる　　[2] 平行　　[3] ねじれの位置

に分類できる。[1] と [2] の場合のみ，この2直線は同じ平面上に存在する。

特有問題 9

$a = 180° \div 11$ とします。次の三角比を小さい方から順に並べてください。

$$\sin a, \ \sin 3a, \ \sin 5a, \ \sin 7a, \ \sin 9a$$

POINT

ここでは計算せずに，図をかいて視覚的に考えてみよう。

解答

単位円の上半分をかくと図のようになる。

動径と単位円の交点の y 座標がその角のサインの値である。

$$\sin a, \ \sin 3a, \ \sin 5a, \ \sin 7a, \ \sin 9a$$

を小さい方から並べると

$$\sin a, \ \sin 9a, \ \sin 3a, \ \sin 7a, \ \sin 5a$$

となる。 ……(答)

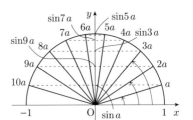

一言コメント

$\sin(180° - \theta) = \sin\theta$ であるから，

$$\sin 11a = \sin 0°, \qquad \sin 10a = \sin a, \qquad \sin 9a = \sin 2a,$$

$$\sin 8a = \sin 3a, \qquad \sin 7a = \sin 4a, \qquad \sin 6a = \sin 5a$$

となる。

さらにコサインについて考えると，動径と単位円の交点の x 座標だから

$$\cos 11a < \cos 10a < \cos 9a < \cos 8a < \cos 7a < \cos 6a < 0$$

$$0 < \cos 5a < \cos 4a < \cos 3a < \cos 2a < \cos a < 1$$

となる。

特有問題 10

　A さんの家の居間にかかっている時計は，長針と短針の先端の距離が 1 時には 3 cm で，3 時には 6 cm です。次の問いに答えなさい。

(1)　7 時には，長針と短針の先端の距離は何 cm になるか求めなさい。

(2)　長針と短針の先端の距離の最小値を求めなさい.

POINT

　長針の長さを a cm，短針の長さを b cm として式をつくろう。

(1)　長針の長さを a cm，短針の長さを b cm, 7 時の長針と短針の先端の距離を x cm とすると，$0 < a < b$

　長針と短針のなす角は 1 時には 30°，3 時には 90°，7 時には 150° だから余弦定理から

$$9 = a^2 + b^2 - 2ab\cos 30° \qquad \cdots\cdots①$$
$$36 = a^2 + b^2 \qquad \cdots\cdots②$$
$$x^2 = a^2 + b^2 - 2ab\cos 150° \qquad \cdots\cdots③$$

①より $9 = a^2 + b^2 - \sqrt{3}ab \qquad \cdots\cdots④$

③より $x^2 = a^2 + b^2 + \sqrt{3}ab \qquad \cdots\cdots⑤$

②を④に代入して　$9 = 36 - \sqrt{3}ab$　　　　よって　$ab - 9\sqrt{3} \qquad \cdots\cdots⑥$

さらに②，⑥を⑤に代入して　$x^2 = 36 + 27 = 63$　　　$x > 0$ より $x = 3\sqrt{7}$

　長針と短針の先端の距離は $3\sqrt{7}$cm　　　　　　　　　　$\cdots\cdots$（答）

(2)　長針と短針の先端の距離が最小となるのは，長針と短針のなす角が 0° のときで，その距離は $a - b$

$$(a - b)^2 = a^2 + b^2 - 2ab = 36 - 18\sqrt{3}$$

$a > b$ より　$a - b = \sqrt{36 - 18\sqrt{3}} = \sqrt{9(4 - 2\sqrt{3})} = 3\sqrt{(\sqrt{3} - 1)^2}$

よって　$a - b = 3(\sqrt{3} - 1)$　で最小値は $3(\sqrt{3} - 1)$cm　　　　$\cdots\cdots$（答）

一言コメント

長針と短針の先端の距離が最大となるのは長針と短針のなす角が 180° のときで，最大値は $a + b$ であるから，(2) と同様にして

$$a + b = \sqrt{36 + 18\sqrt{3}} = 3(\sqrt{3} + 1)$$

過去問題

〔1次：計算技能検定〕（50分）

問題1

次の式を展開して計算しなさい。

$$(x+4)(x+1)(x-1)(x-4)$$

問題2

次の式を因数分解しなさい。

$$6a^2 - 7ab - 20b^2$$

問題3

循環小数 $0.\dot{2}$ を分数で表しなさい。

問題4

次の2次不等式を解きなさい。

$$x^2 - 3x + 1 > 0$$

問題5

$\triangle ABC$ において，$AB = 6$，$\sin A = \dfrac{7}{10}$，$\sin C = \dfrac{3}{10}$ のとき，辺 BC の長さを求めなさい。

問題6

右の図の $\triangle ABC$ において，点 P は辺 BC の延長上の点で，点 Q, R はそれぞれ辺 AC, AB 上の点です。3点 P, Q, R が一直線上にあるとき，$BC : CP$ をもっとも簡単な整数の比で表しなさい。

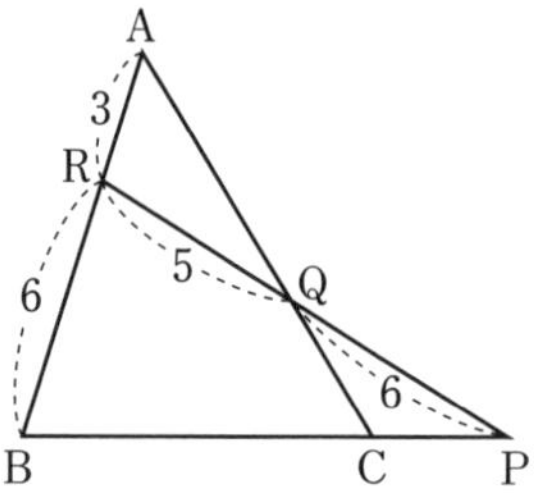

問題7

1個のさいころを3回振るとき，3以上の目が少なくとも1回は出る確率を求めなさい。ただし，さいころの目は1から6まであり，どの目も出る確率は等しいものとします。

問題8

次の等式が x についての恒等式となるように，定数 a, b の値を定めなさい。

$$a(x+2)+b(x-2)=-x+10$$

問題9

次の計算をしなさい。ただし，i は虚数単位を表します。

$$\frac{3-i}{1-2i}+\frac{3+i}{1+2i}$$

問題10

xy 平面上の円 $x^2+y^2+6x-8y+7=0$ の半径を求めなさい。

問題11

$\tan\theta=\dfrac{1}{2}$ のとき，$\tan 2\theta$ の値を求めなさい。

問題12

次の方程式を解きなさい。

$$\log_2(3x+1)=-1$$

問題13

確率変数 X の分散が 4 であるとき，確率変数 $Y=-3X+1$ の分散を求めなさい。

問題14

初項が -2, 公差が -3 である等差数列について，次の問いに答えなさい。

① 第 7 項を求めなさい。

② 初項から第 7 項までの和を求めなさい。

問題15

次の問いに答えなさい。

① 次の不定積分を求めなさい。

$$\int (x^2+2x)dx$$

② 次の定積分を求めなさい。

$$\int_{-1}^{3} (x^2+2x)dx$$

〔**2次：数理技能検定**〕（**90分**）
問題1〜5から3題を選択。問題6・7は必須問題。

問題1（選択）

AB＝1，AD＝2である平行四辺形ABCDがあります。∠DAB＝θとするとき，次の問いに答えなさい。　　（測定技能）

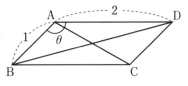

(1) △ABCに余弦定理を用いることにより，AC^2を$\cos\theta$を用いて表しなさい。

(2) BD＝2ACであるとき，$\cos\theta$の値を求めなさい。

問題2（選択）

$\boxed{1}$，$\boxed{2}$，$\boxed{2}$，$\boxed{3}$，$\boxed{3}$，$\boxed{6}$の6枚のカードが入った袋があります。この中から無作為に選んだ2枚のカードを同時に取り出し，取り出した2枚のカードに書かれた数の積をXとするとき，次の問いに答えなさい。

(1) 次の確率をそれぞれ求めなさい。

① $X＝18$となる確率

② $X＝6$となる確率

この問題は解法の過程を記述せずに，答えだけを書いてください。

(2) Xの期待値を求めなさい。

問題3（選択）

$\log_{10}2＝0.3010$，$\log_{10}3＝0.4771$のうち，必要な値を用いて，次の問いに答えなさい。

(1) 2^{334}は何桁の整数ですか。

(2) 2^{334}の最高位の数字を求めなさい。

問題4（選択）

0でない実数x, y, zについて，4つの数

$2(x-2),\ y,\ 4(x+1),\ z$

がこの順で等差数列となるとき，次の問いに答えなさい。

(1) yをxを用いて表しなさい。　　（表現技能）

(2) さらにx, y, zがこの順で等比数列となるとき，x, y, zの値を求めなさい。

問題5（選択）

　ケースの中に収められたパネルを，空所を利用して上下左右に動かし，目的の配置にするパズルを「スライドパズル」といいます。以下では正方形のケース（大きさ 3×3）に8枚のパネル $\boxed{1}$, $\boxed{2}$, $\boxed{3}$, $\cdots$, $\boxed{8}$ （いずれも大きさ 1×1）が入ったものを考えます。下の図は8枚のパネルの配置を表したもので，たとえば，図1の配置からは「8を右に移動させて図2の配置にする」「6を下に移動させて図3の配置にする」のいずれかができます。

　ある配置が与えられたとき，上のような移動を繰り返し行って，図1の配置を完成させるパズルを考えます。これについて，次の3つの事実が知られています。

- 最初の配置によって，完成可能か不可能かが決まる。
- 完成可能な（うまくパネルを移動させれば図1の配置にできる）配置は，縦か横に隣り合う2枚のパネルを入れ替えると完成不可能な配置になる。
- 完成不可能な（どのようにパネルを移動させても図1の配置にできない）配置は，縦か横に隣り合う2枚のパネルを入れ替えると完成可能な配置になる。

　たとえば，図1で横に隣り合う7と8を入れ替えた配置（図4）から始めて，図1の配置にすることは不可能ですが，図4で縦に隣り合う1と4を入れ替えた配置（図5）から始めた場合は，図1の配置にすることが可能です。

　図6について，これが完成不可能な配置となるような a, b, c, d の組は全部で何組ありますか。またそのような組のうち $a < b$ かつ $c < d$ を満たすものをすべて求め，$(a, b, c, d) = (1, 2, 4, 5)$ のような形で答えなさい。ただし，a, b, c, d は互いに異なる整数で1，2，4，5のいずれかとします。この問題は解法の過程を記述せずに，答えだけを書いてください。　　　　　　（整理技能）

図1			図2			図3			図4			図5			図6		
1	2	3	1	2	3	1	2	3	1	2	3	4	2	3	a	b	3
4	5	6	4	5	6	4	5	空	4	5	6	1	5	6	c	d	6
7	8	空	7	空	8	7	8	6	8	7	空	8	7	空	7	8	空

問題6（必須）

1辺の長さが6の正方形 ABCD があります。右の図のように，辺 AB, BC 上にそれぞれ点 E, F を

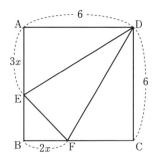

$$AE = 3x, \quad BF = 2x \quad (0 < x < 2)$$

を満たすようにとり，△DEF をつくります。△DEF の面積を S として，次の問いに答えなさい。

(1) S を x を用いて表し，展開した形で答えなさい。 この問題は解法の過程を記述せずに，答えだけを書いてください。 　　　　　　　　　（表現技能）

(2) S の最小値とそのときの x の値を求めなさい。

問題7（必須）

関数 $f(x) = -x^3 + 6x$ について，次の問いに答えなさい。

(1) $f(x)$ の増減を調べ，その極値を求めなさい。また，極値をとるときの x の値を求めなさい。

(2) 3次方程式 $f(x) = a$ が異なる3つの実数解をもち，そのうちの2つが負，1つが正となるとき，定数 a のとり得る値の範囲を求めなさい。この問題は解法の過程を記述せずに，答えだけを書いてください。

227

解答・解説 ◈◆◇◆◇◆◇◆◇◆◇◆◇◆◇◆◇◆◇◆◇◆◇◆◇◆◇◆◇◆◇◆◇◆

〔1次：計算技能検定〕

問題 1

$$(x+4)(x+1)(x-1)(x-4) = \{(x+1)(x-1)\}\{(x-4)(x+4)\}$$
$$= (x^2-1)(x^2-16) = x^4 - 17x^2 + 16 \qquad (答)\ x^4 - 17x^2 + 16$$

問題 2

$$6a^2 - 7ab - 20b^2 = (2a-5b)(3a+4b) \qquad (答)\ (2a-5b)(3a+4b)$$

問題 3

$$10 \times 0.\dot{2} = 2.222222222\cdots$$
$$0.\dot{2} = 0.222222222\cdots$$

辺々引くと　$9 \times 0.\dot{2} = 2$　　　よって　$0.\dot{2} = \dfrac{2}{9}$ 　　　(答) $\dfrac{2}{9}$

問題 4

$x^2 - 3x + 1 = 0$ の解は　$x = \dfrac{3 \pm \sqrt{5}}{2}$　だから

$x^2 - 3x + 1 > 0$ を解くと　$x < \dfrac{3-\sqrt{5}}{2},\ \dfrac{3+\sqrt{5}}{2} < x$

(答) $x < \dfrac{3-\sqrt{5}}{2},\ \dfrac{3+\sqrt{5}}{2} < x$

問題 5

正弦定理より　$\dfrac{BC}{\sin A} = \dfrac{AB}{\sin C}$　だから

$$BC = \dfrac{AB}{\sin C} \times \sin A = 6 \times \dfrac{10}{3} \times \dfrac{7}{10} = 14 \qquad (答)\ 14$$

問題 6

メネラウスの定理より　$\dfrac{RA}{AB}\dfrac{BC}{CP}\dfrac{PQ}{QR} = 1$,　$\dfrac{3}{9} \cdot \dfrac{BC}{CP} \cdot \dfrac{6}{5} = 1$

よって　$\dfrac{BC}{CP} = \dfrac{5}{2}$　　ゆえに　$BC:CP = 5:2$ 　　(答) $5:2$

問題 7

$1 - (3以上の目が1回も出ない確率) = 1 - (1, 2 の目のみが出る確率)$

$$= 1 - \left(\dfrac{2}{6}\right)^3 = 1 - \left(\dfrac{1}{3}\right)^3 = \dfrac{26}{27} \qquad (答)\ \dfrac{26}{27}$$

問題 8

与式は，$(a+b)x + 2a - 2b = -x + 10$

x の恒等式であればよいから　$a+b=-1,$　$2a-2b=10$

これを解いて　$a=2, b=-3$　　　　　　　　　　　　（答）$a=2,\ b=-3$

〔問題 9〕

$$\frac{3-i}{1-2i}+\frac{3+i}{1+2i}=\frac{(3-i)(1+2i)+(3+i)(1-2i)}{(1-2i)(1+2i)}$$

$$=\frac{(3+5i+2)+(3-5i+2)}{1+4}=\frac{10}{5}=2 \qquad\text{（答）}2$$

〔問題 10〕

$(x^2+6x)+(y^2-8y)=-7$

$(x+3)^2+(y-4)^2=-7+9+16$

$(x+3)^2+(y-4)^2=18$　　　よって　半径 $\sqrt{18}=3\sqrt{2}$　　　（答）$3\sqrt{2}$

〔問題 11〕

$$\tan 2\theta=\frac{2\tan\theta}{1-\tan^2\theta}=\frac{2\times\frac{1}{2}}{1-(\frac{1}{2})^2}=\frac{4}{3} \qquad\text{（答）}\frac{4}{3}$$

〔問題 12〕

真数条件から　$3x+1>0,$　$x>-\dfrac{1}{3}$

$3x+1=2^{-1}$　よって　$x=-\dfrac{1}{6}$　これは真数条件をみたす。（答）$x=-\dfrac{1}{6}$

〔問題 13〕

$V(X)=4$ のとき，$V(Y)=V(-3X+1)=(-3)^2V(X)=9\times4=36$（答）36

〔問題 14〕

① $a_n=-2+(n-1)(-3)=-3n+1$　だから　$a_7=-20$　　　　（答）-20

② 初項 -2，末項 -20，項数 7 だから　$\dfrac{1}{2}\times7\times\{(-2)+(-20)\}=-77$

　　　　　　　　　　　　　　　　　　　　　　　　　　　　　（答）-77

$(\displaystyle\sum_{k=1}^{7}(-3k+1)=-3\times\dfrac{1}{2}\times7\times8+7=-77$ でもよい。$)$

〔問題 15〕

① $\displaystyle\int\left(x^2+2x\right)dx=\dfrac{1}{3}x^3+x^2+C$　（C は積分定数）

　　　　　　　　　　　　　（答）$\dfrac{1}{3}x^3+x^2+C$（C は積分定数）

② $\displaystyle\int_{-1}^{3}\left(x^2+2x\right)dx=\left[\dfrac{1}{3}x^3+x^2\right]_{-1}^{3}=(9+9)-\left(-\dfrac{1}{3}+1\right)=\dfrac{52}{3}$　（答）$\dfrac{52}{3}$

〔2次：数理技能検定〕

(問題1)

(1) 平行四辺形の性質より，$\mathrm{BC} = \mathrm{AD} = 2$,

$\angle\mathrm{ABC} = 180° - \angle\mathrm{DAB} = 180° - \theta$ が成り立つ。

$\triangle\mathrm{ABC}$ において，余弦定理より

$$\mathrm{AC}^2 = \mathrm{AB}^2 + \mathrm{BC}^2 - 2 \cdot \mathrm{AB} \cdot \mathrm{BC} \cdot \cos(180° - \theta) = 1^2 + 2^2 - 2 \cdot 1 \cdot 2 \cdot (-\cos\theta)$$

$$= 5 + 4\cos\theta \qquad\qquad (答)\ \mathrm{AC}^2 = 5 + 4\cos\theta$$

(2) $\triangle\mathrm{DAB}$ において，余弦定理より

$$\mathrm{BD}^2 = \mathrm{DA}^2 + \mathrm{AB}^2 - 2 \cdot \mathrm{DA} \cdot \mathrm{AB} \cdot \cos\theta = 2^2 + 1^2 - 2 \cdot 2 \cdot 1 \cdot \cos\theta = 5 - 4\cos\theta \quad \cdots①$$

一方，$\mathrm{BD} = 2\mathrm{AC}$ および (1) の結果より

$$\mathrm{BD}^2 = 4\mathrm{AC}^2 = 4(5 + 4\cos\theta) = 20 + 16\cos\theta \quad \cdots②$$

①，②より $5 - 4\cos\theta = 20 + 16\cos\theta$

$20\cos\theta = -15 \qquad \cos\theta = -\dfrac{3}{4} \qquad\qquad (答)\ \cos\theta = -\dfrac{3}{4}$

(問題2)

(1) (答) ① $\dfrac{2}{15}$ ② $\dfrac{1}{3}$

[考え方] $\boxed{2}$ と $\boxed{3}$ のカードをそれぞれ区別し，6枚から2枚取り出すすべての

方法は $_6\mathrm{C}_2 = 15$ 通りである。

① $X = 18$ となるのは，$18 = 3 \times 6$ より，2通りであるから，求める確率は，$\dfrac{2}{15}$

② $X = 6$ となるのは，$6 = 1 \times 6 = 2 \times 3$

より，$1 + 2 \times 2 = 5$ 通りであるから，求める確率は，$\dfrac{5}{15} = \dfrac{1}{3}$

(別解)

右のような表を作成し，求めることもできる。

① $X = 18$ となる確率は，$\dfrac{2}{15}$

② $X = 6$ となる確率は，$\dfrac{5}{15} = \dfrac{1}{3}$

	1	2	2	3	3	6
1		2	2	3	3	6
2	−		4	6	6	12
2	−	−		6	6	12
3	−	−	−		9	18
3	−	−	−	−		18
6	−	−	−	−	−	

(2) X のとり得る値とその確率は，下の表のようになる。

X の値	2	3	4	6	9	12	18
確率	$\dfrac{2}{15}$	$\dfrac{2}{15}$	$\dfrac{1}{15}$	$\dfrac{1}{3}$	$\dfrac{1}{15}$	$\dfrac{2}{15}$	$\dfrac{2}{15}$

したがって，X の期待値は

$$2 \cdot \frac{2}{15} + 3 \cdot \frac{2}{15} + 4 \cdot \frac{1}{15} + 6 \cdot \frac{1}{3} + 9 \cdot \frac{1}{15} + 12 \cdot \frac{2}{15} + 18 \cdot \frac{2}{15}$$
$$= \frac{1}{15}(4 + 6 + 4 + 30 + 9 + 24 + 36) = \frac{113}{15} \qquad \text{（答）} \frac{113}{15}$$

問題3

(1) $\log_{10} 2^{334} = 334 \log_{10} 2 = 334 \times 0.3010 = 100.534$

よって $\quad 100 < \log_{10} 2^{334} < 101$

$\qquad\qquad 10^{100} < 2^{334} < 10^{101}$

したがって，2^{334} は 101 桁の整数である。 （答）101 桁

(2) (1) より，$\log_{10} 2^{334} = 100.534$ であるので $\quad 2^{334} = 10^{100.534} = 10^{0.534} \times 10^{100}$

ここで，$\log_{10} 2 = 0.3010, \quad \log_{10} 3 = 0.4771$ と

$\quad \log_{10} 4 = \log_{10} 2^2 = 2 \log_{10} 2 = 2 \times 0.3010 = 0.6020 \quad$ より

$\quad 0.4771 < 0.534 < 0.6020$

$\quad 10^{\log_{10} 3} < 10^{0.534} < 10^{\log_{10} 4}$

$\quad 3 < 10^{0.534} < 4$

したがって $\quad 3 \cdot 10^{100} < 2^{334} < 4 \cdot 10^{100}$

よって，2^{334} の最高位の数字は 3 である。 （答）3

問題4

(1) $2(x-2), \ y, \ 4(x+1)$ がこの順で等差数列となることから

$\quad 4(x+1) - y = y - 2(x-2)$

$\quad 2y = 4(x+1) + 2(x-2)$

$\quad y = 3x \qquad\qquad\qquad\qquad\qquad\qquad\qquad$ （答）$y = 3x$

(2) 0でない3の実数 x, y, z がこの順で等比数列となることから，(1) の結果を用いると

$$\frac{z}{y} = \frac{y}{x} = 3 \qquad \text{すなわち，} \quad z = 3y = 9x \quad \cdots ① \text{ が成り立つ。}$$

さらに $y, 4(x+1), z$ がこの順で等差数列となることから

$$z - 4(x+1) = 4(x+1) - y$$

$$y + z = 8(x+1)$$

①より $3x + 9x = 8(x+1)$

$$x = 2$$

したがって $y = 6, z = 18$ (答) $x = 2, \quad y = 6, \quad z = 18$

問題5 (答) 12組, $(a, b, c, d) = (1, 4, 2, 5), (2, 5, 1, 4)$

[考え方] 1，2，4，5の順列は，$4! = 24$ 通り。これらをすべて書き出し，完成可能な配置に〇印，完成不可能な配置に×印を，ルールに従い順につけていくとよい。

$\boxed{\begin{smallmatrix}1&2\\4&5\end{smallmatrix}}$ から横の数字の，1と2を入れ替えた $\boxed{\begin{smallmatrix}2&1\\4&5\end{smallmatrix}}$ と，4と5を入れ替えた $\boxed{\begin{smallmatrix}1&2\\5&4\end{smallmatrix}}$ に×印。

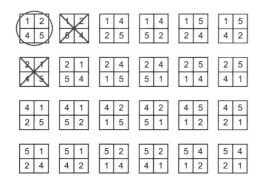

次に先ほど×印をつけた，

$\boxed{\begin{smallmatrix}1&2\\5&4\end{smallmatrix}}$ から縦の数字の，1と5を入れ替えた $\boxed{\begin{smallmatrix}5&2\\1&4\end{smallmatrix}}$ と，2と4を入れ替えた $\boxed{\begin{smallmatrix}1&4\\5&2\end{smallmatrix}}$ に〇印。

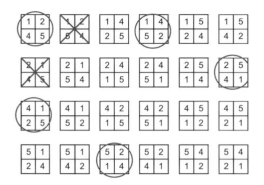

このような順に，×印と○印を順につけていくと，次のようになる。

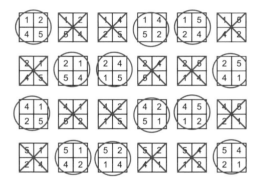

この表から答えが求まる。

(問題6)

(1)　（答）$S = 3x^2 - 9x + 18$

　　［考え方］正方形 ABCD の面積　$6 \times 6 = 36$,　△AED の面積 $6 \times 3x \div 2 = 9x$

　　△EBF の面積　$2x(6 - 3x) \div 2 = -3x^2 + 6x$

　　△FCD の面積　$6 \times (6 - 2x) \div 2 = -6x + 18$

　　よって　$S = 36 - 9x - (-3x^2 + 6x) - (-6x + 18) = 3x^2 - 9x + 18$

(2)　$S = 3x^2 - 9x + 18 = 3(x^2 - 3x) + 18 = 3\left(x - \dfrac{3}{2}\right)^2 - 3 \cdot \dfrac{9}{4} + 18$

　　　$= 3\left(x - \dfrac{3}{2}\right)^2 + \dfrac{45}{4}$

　　$0 < x < 2$ より，$x = \dfrac{3}{2}$ のとき S は最小値 $\dfrac{45}{4}$ をとる。

　　　　　　　　　　　　　　　（答）$x = \dfrac{3}{2}$ のとき最小値 $\dfrac{45}{4}$

問題7

(1) $f(x) = -x^3 + 6x$ について

$f'(x) = -3x^2 + 6$

$\quad\quad = -3(x+\sqrt{2})(x-\sqrt{2})$

より，関数 $f(x)$ の増減表は右のようになる。

x	$\cdots$	$-\sqrt{2}$	$\cdots$	$\sqrt{2}$	$\cdots$
$f'(x)$	$-$	0	$+$	0	$-$
$f(x)$	$\searrow$	極小	$\nearrow$	極大	$\searrow$

よって，$f(x)$ は

$x = \sqrt{2}$ のとき極大値 $f(\sqrt{2}) = 4\sqrt{2}$

$x = -\sqrt{2}$ のとき極小値 $f(-\sqrt{2}) = -4\sqrt{2}$

をとる。

（答）$x = \sqrt{2}$ のとき極大値 $4\sqrt{2}$，$x = -\sqrt{2}$ のとき極小値 $-4\sqrt{2}$

(2) （答）$-4\sqrt{2} < a < 0$

［考え方］曲線 $y = -x^3 + 6x$ と直線 $y = a$ のグラフは下の図のようになる。曲線と直線が異なる3点を共有して，2点は x 座標が負で1点は x 座標が正となればよい。これを満たす定数 a の値の範囲は，$-4\sqrt{2} < a < 0$ である。

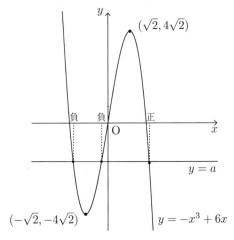

正規分布表

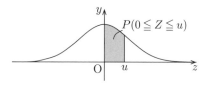

$P(0 \leqq Z \leqq u)$

u	0.00	0.01	0.02	0.03	0.04	0.05	0.06	0.07	0.08	0.09
0.0	0.00000	0.00399	0.00798	0.01197	0.01595	0.01994	0.02392	0.02790	0.03188	0.03586
0.1	0.03983	0.04380	0.04776	0.05172	0.05567	0.05962	0.06356	0.06749	0.07142	0.07535
0.2	0.07926	0.08317	0.08706	0.09095	0.09483	0.09871	0.10257	0.10642	0.11026	0.11409
0.3	0.11791	0.12172	0.12552	0.12930	0.13307	0.13683	0.14058	0.14431	0.14803	0.15173
0.4	0.15542	0.15910	0.16276	0.16640	0.17003	0.17364	0.17724	0.18082	0.18439	0.18793
0.5	0.19146	0.19497	0.19847	0.20194	0.20540	0.20884	0.21226	0.21566	0.21904	0.22240
0.6	0.22575	0.22907	0.23237	0.23565	0.23891	0.24215	0.24537	0.24857	0.25175	0.25490
0.7	0.25804	0.26115	0.26424	0.26730	0.27035	0.27337	0.27637	0.27935	0.28230	0.28524
0.8	0.28814	0.29103	0.29389	0.29673	0.29955	0.30234	0.30511	0.30785	0.31057	0.31327
0.9	0.31594	0.31859	0.32121	0.32381	0.32639	0.32894	0.33147	0.33398	0.33646	0.33891
1.0	0.34134	0.34375	0.34614	0.34849	0.35083	0.35314	0.35543	0.35769	0.35993	0.36214
1.1	0.36433	0.36650	0.36864	0.37076	0.37286	0.37493	0.37698	0.37900	0.38100	0.38298
1.2	0.38493	0.38686	0.38877	0.39065	0.39251	0.39435	0.39617	0.39796	0.39973	0.40147
1.3	0.40320	0.40490	0.40658	0.40824	0.40988	0.41149	0.41309	0.41466	0.41621	0.41774
1.4	0.41924	0.42073	0.42220	0.42364	0.42507	0.42647	0.42785	0.42922	0.43056	0.43189
1.5	0.43319	0.43448	0.43574	0.43699	0.43822	0.43943	0.44062	0.44179	0.44295	0.44408
1.6	0.44520	0.44630	0.44738	0.44845	0.44950	0.45053	0.45154	0.45254	0.45352	0.45449
1.7	0.45543	0.45637	0.45728	0.45818	0.45907	0.45994	0.46080	0.46164	0.46246	0.46327
1.8	0.46407	0.46485	0.46562	0.46638	0.46712	0.46784	0.46856	0.46926	0.46995	0.47062
1.9	0.47128	0.47193	0.47257	0.47320	0.47381	0.47441	0.47500	0.47558	0.47615	0.47670
2.0	0.47725	0.47778	0.47831	0.47882	0.47932	0.47982	0.48030	0.48077	0.48124	0.48169
2.1	0.48214	0.48257	0.48300	0.48341	0.48382	0.48422	0.48461	0.48500	0.48537	0.48574
2.2	0.48610	0.48645	0.48679	0.48713	0.48745	0.48778	0.48809	0.48840	0.48870	0.48899
2.3	0.48928	0.48956	0.48983	0.49010	0.49036	0.49061	0.49086	0.49111	0.49134	0.49158
2.4	0.49180	0.49202	0.49224	0.49245	0.49266	0.49286	0.49305	0.49324	0.49343	0.49361
2.5	0.49379	0.49396	0.49413	0.49430	0.49446	0.49461	0.49477	0.49492	0.49506	0.49520
2.6	0.49534	0.49547	0.49560	0.49573	0.49585	0.49598	0.49609	0.49621	0.49632	0.49643
2.7	0.49653	0.49664	0.49674	0.49683	0.49693	0.49702	0.49711	0.49720	0.49728	0.49736
2.8	0.49744	0.49752	0.49760	0.49767	0.49774	0.49781	0.49788	0.49795	0.49801	0.49807
2.9	0.49813	0.49819	0.49825	0.49831	0.49836	0.49841	0.49846	0.49851	0.49856	0.49861
3.0	0.49865	0.49869	0.49874	0.49878	0.49882	0.49886	0.49889	0.49893	0.49896	0.49900
3.1	0.49903	0.49906	0.49910	0.49913	0.49916	0.49918	0.49921	0.49924	0.49926	0.49929
3.2	0.49931	0.49934	0.49936	0.49938	0.49940	0.49942	0.49944	0.49946	0.49948	0.49950
3.3	0.49952	0.49953	0.49955	0.49957	0.49958	0.49960	0.49961	0.49962	0.49964	0.49965
3.4	0.49966	0.49968	0.49969	0.49970	0.49971	0.49972	0.49973	0.49974	0.49975	0.49976
3.5	0.49977	0.49978	0.49978	0.49979	0.49980	0.49981	0.49981	0.49982	0.49983	0.49983

索　引

□監修者

公益財団法人 日本数学検定協会

〒110-0005　東京都台東区上野 5-1-1

TEL: 03-5812-8340

FAX: 03-5812-8346

ウェブサイト　https://www.su-gaku.net/

□著者

田中紀子（たなか のりこ）

大阪大学大学院理学研究科数学専攻修了 修士（理学）
島根県公立高校教諭，愛知県公立高校教諭を経て，
奈良学園大学人間教育学部数学専修 専任講師

石井裕基（いしい ひろき）

香川県公立高校教諭を経て，
東北大学高度教養教育・学生支援機構 特任教授

荻野大吾（おぎの だいご）

東京都立日比谷高等学校指導教諭等を経て，
日本数学教育学会実践研究推進部高等学校部会副部長
郁文館夢学園高等学校非常勤講師

かいていばん ごうかく すうがくけんてい きゅう
改訂版 合格ナビ！ 数学検定 2 級

Ⓒ Noriko Tanaka, Hiroki Ishii, Daigo Ogino 2024

2018 年 12 月 25 日 第 1 版第 1 刷発行　　　　　　　Printed in Japan
2024 年 6 月 25 日 改訂版第 1 刷発行

監　修　公益財団法人 日本数学検定協会
著　者　田中紀子・石井裕基・荻野大吾
発行所　東京図書株式会社
　　　　〒102-0072 東京都千代田区飯田橋 3-11-19
　　　　振替 00140-4-13803　電話 03(3288)9461
　　　　http://www.tokyo-tosho.co.jp/

ISBN 978-4-489-02427-6